Kohlhammer

Roland Hieslmayr

Gefahrguteinsätze in Straßentunneln

Verlag W. Kohlhammer

Dieses Werk möchte ich meiner Familie widmen. Viel Zeit und Arbeit ist in die Recherchen, Bildbearbeitung, Fototermine, Schreibarbeit etc. geflossen wo ich einerseits nicht zuhause sein konnte und andererseits die Hilfe meiner Frau benötigte, die im grafischen Bereich hohe Fähigkeiten besitzt.

Dieses Werk einschließlich aller seiner Teile ist urheberrechtlich geschützt. Jede Verwendung außerhalb der engen Grenzen des Urheberrechts ist ohne Zustimmung des Verlags unzulässig und strafbar. Das gilt insbesondere für Vervielfältigungen, Übersetzungen, Mikroverfilmungen und für die Einspeicherung und Verarbeitung in elektronischen Systemen.
Die Wiedergabe von Warenbezeichnungen, Handelsnamen und sonstigen Kennzeichen in diesem Buch berechtigt nicht zu der Annahme, dass diese von jedermann frei benutzt werden dürfen. Vielmehr kann es sich auch dann um eingetragene Warenzeichen oder sonstige geschützte Kennzeichen handeln, wenn sie nicht eigens als solche gekennzeichnet sind.
Die Bilder stammen – sofern nicht anders angegeben – vom Autor.

1. Auflage 2021

Alle Rechte vorbehalten
© W. Kohlhammer GmbH, Stuttgart
Umschlagbild: Timo Graupe
Gesamtherstellung: W. Kohlhammer GmbH, Stuttgart

Print:
ISBN 978-3-17-038631-0

E-Book-Formate:
pdf: ISBN 978-3-17-038633-4
epub: ISBN 978-3-17-038634-1

Für den Inhalt abgedruckter oder verlinkter Websites ist ausschließlich der jeweilige Betreiber verantwortlich. Die W. Kohlhammer GmbH hat keinen Einfluss auf die verknüpften Seiten und übernimmt hierfür keinerlei Haftung.

Vorwort

Durch den immer weiter steigenden Verkehr auf der Straße, die Verbauung der Flächen und der daraus resultierenden Platznot in Städten sowie der verkehrsbedingten Abgas- und Lärmbelastung ist die Bestrebung der Gesellschaft, alternative Routenführungen bei Straßen in Erwägung zu ziehen. Eine Möglichkeit ist, den Straßenverkehr durch Tunnelbauwerke – sogenannte unterirdische Straßenverkehrsanlagen – zu führen.

Unterirdische Straßenverkehrsanlagen sind äußerst komplexe Bauwerke. Das beginnt bereits in der Planung, bei der man sich nicht nur mit dem Bau des Straßentunnels an sich, sondern unter anderem auch mit geologischen, technischen Gegebenheiten sowie hydrologischen und vielen weiteren speziellen Anforderungen auf höchstem Niveau beschäftigen muss. Der Betrieb einer Tunnelanlage ist nicht weniger aufwändig, wenn man z. B. die Lüftungssituation oder die Entwässerungssysteme betrachtet. Kommt es in diesem eingespielten System aus vielen hochkomplexen Komponenten zu einem Störfall, kann dies zu weitreichenden Folgen für die im Straßentunnel befindlichen Menschen – den Tunnelbenutzern – führen. Für die Einsatzorganisationen und dabei vor allem für die Feuerwehr sind hauptsächlich Interventionen bei Bränden, nach Verkehrsunfällen und bei Schadstoffeinsätzen zu nennen, welche intensiver Überlegungen bedürfen.

Viele längere Straßentunnel wurden vor und um die 1970er Jahre in Europa errichtet. Dabei war seitens der Planung die Ausrüstung der Tunnelanlage für den Betrieb ausgerichtet (lange Standzeit, Beleuchtung, Abgasabtransport etc.). Nach den großen Tunnelbränden (Tauerntunnel 1999, Mont-Blanc-Tunnel 1999 etc.) ist die Problematik von Tunnelbränden seitens der Behörden, der Einsatzkräfte, aber auch seitens der Errichter (Planer) von einem Randbereich (als nebensächlich erachtet) zu einem elementaren Thema in allen Phasen des Projektes (Planungs-, Bau- und Betriebsphase) geworden. 2004 ist die EU-Direktive 2004/54/EC für Mindestanforderungen in Bezug auf Sicherheitsanforderungen in Straßentunnelanlagen erlassen worden. Mit dieser Direktive wurde ein risikoorientierter Ansatz für den Bau, die Ausrüstung und die Nutzung von Straßentunnelanlagen ins Kalkül gezogen.

Die Themen des Brandes und der Verkehrsunfälle in Straßentunnelanlagen werden seitens der Feuerwehren seit Jahren sehr intensiv behandelt und sind bei guten Lösungsansätzen und teilweise auch Lösungen, die in Taktikschemen und Vorgangsweisen abgebildet werden, angelangt. Im Bereich der Vorgangsweise bei Vorhandensein von brennbaren oder nicht brennbaren Gefahrgütern und einem

Vorwort

möglichen Austritt von Gefahrstoffen ist allenfalls noch eine Weiterentwicklung und Anpassung von vorhandenem Wissen notwendig. Unter dem Begriff Schadstoffeinsätze können zudem auch Austritte von gefährlichen Stoffen aus Fahrzeugen mit alternativen Antrieben oder der Austritt von Kältemittel in Klimaanlagen von Tiefkühltransporten eingereiht werden. Bei einem sehr hohen Anteil an diesen Lkw-Fahrten mit gefährlichen Gütern werden Kohlenwasserstoffe (u. a. Benzin, Diesel, Heizöl etc.) transportiert.

Ein Unfall in einer Straßentunnelanlage kann zu weitreichenden Folgen für die Tunnelbenutzer wie auch für die Infrastruktur führen. Dabei gibt es Studien zur Risikoanalyse und diverse Ansätze aus bereits absolvierten Einsätzen, welche Grundüberlegungen zur Problemlösung bieten.

Neuere Risikoanalysen schließen nicht nur die Auswirkungen eines Schadensereignisses auf die Tunnelkonstruktion selbst ein – welche Schäden an der Tunnelausrüstung, Schäden am Tunnelbauwerk selbst oder auch Auswirkungen auf die Flucht der betroffenen Menschen haben können –, sondern auch die volkswirtschaftliche Bedeutung einer Tunnelanlage. Was bedeutet es für Betriebe, Anrainer (Menschen, die rund um die Tunnelanlage wohnen und diese täglich für Fahrten zur Arbeit und für das tägliche Leben nutzen), den Transitverkehr etc., wenn eine Tunnelanlage ausfällt und dadurch eine Passstraße oder eine weitreichende Umfahrung des Tunnels benutzt werden muss? Welche Risiken entstehen dabei auf den Alternativrouten, wenn z. B. ein mit gefährlichen Stoffen beladener Lastkraftwagen durch dicht besiedelte Orte fährt – anstatt durch einen Tunnel – und dabei verunfallt?

Als Einsatzleiter einer Feuerwehreinheit ist man stets bemüht, über umfassendes Wissen in allen nur erdenklichen Einsatzsituationen zu verfügen. Dabei steht Aus- und Fortbildung an oberster Stelle. Für die jeweilige Einsatzsituation wird die Werkzeugkiste »Wissen« geöffnet und alles darin Verwendbare zum Einsatz gebracht, um die jeweilige Einsatzanforderung bestmöglich lösen zu können.

Dieses Buch soll dabei unterstützen, eine Grundlage für ein Schema zu erarbeiten und einen wertvollen Beitrag zur positiven Absolvierung solch komplexer Einsatzsituationen leisten. Anhand von Beispielen soll auf die Eckpunkte eines Einsatzes in einer Straßentunnelanlage hingewiesen und spezielle Anforderungen aufgezeigt werden. Trotz aller Möglichkeiten (technisch, taktisch, personell etc.) sind auch Einsatzgrenzen vorhanden. In den einzelnen Kapiteln werden dazu zusätzlich Überlegungen zu speziellen Einsatzsituationen (z. B. Unfälle bei unkontrolliertem Vorhandensein von Explosivstoffen oder explosionsfähigen Atmosphären) angestellt. Dies erlaubt, bereits in der Einsatzvorbereitung (Vorplanung) darauf zu reagieren und sich Lösungsansätze zu überlegen. Dabei erlaubt sich dieses Werk keinen Anspruch

Vorwort

auf Vollständigkeit, sondern viel mehr Anregungen in allen möglichen Einsatzlagen zu geben. Ich wünsche Ihnen spannende Stunden beim Lesen dieses Buches.

Steinbach an der Steyr, Februar 2021　　　　　　　　　　　　Roland Hieslmayr

Inhaltsverzeichnis

	Vorwort	**5**
1	**Grundlagen**	**13**
	1.1 Rechtliche Aspekte	13
	1.2 Risiko	15
	1.3 Einsatzgrenzen	19
	1.4 Einteilung der Straßentunnel wie auch der gefährlichen Stoffe	21
	1.5 Transport	38
2	**Tunnel-Grundlagen**	**40**
	2.1 Phasen des Tunnelbaus	45
	2.1.1 Vortriebsphase	45
	2.1.2 Ausfertigungsphase	48
	2.1.3 Tunnelausrüstungsphase	48
	2.2 Technische Anlagen und Sicherheitseinrichtungen	49
	2.3 Bauliche Anlagen	69
3	**Rettungskonzept**	**72**
	3.1 Brand, Brandlast, Brandverlauf, Brandschutz	74
4	**Stoffe und ihre Eigenschaften**	**77**
	4.1 Allgemeines	77
	4.2 Physikalische Eigenschaften	77
	4.3 Chemische Eigenschaften	83
	4.4 Explosion von Gasen und Dämpfen	84
	4.5 Zündquellen	87
	4.6 Die Belastungspfade beim Menschen	89
5	**Ausrüstung der Feuerwehr**	**92**
	5.1 Fahrzeuge	92
	5.2 Schutzanzüge	92
	5.3 Messgeräte	95
	5.4 Atemschutz	97
	5.5 Werkzeuge und Geräte	98

Inhaltsverzeichnis

6	**Betriebszustände/Ereigniszustände der Tunnelanlage**	**100**
6.1	Störungen des Betriebes	100
6.2	Defekte Fahrzeuge (Panne)	100
6.3	Verkehrsunfall	101
6.4	Brand	104
6.5	Gefahrguteinsatz	107
6.5.1	Aggregatzustand »fest«	108
6.5.2	Aggregatzustand »flüssig«	109
6.5.3	Aggregatzustand »gasförmig«	110
7	**Einsatzbelastung CSA/Atemschutz**	**113**
7.1	Versuche mit CSA-Trägern in Tunnelanlagen	114
7.2	Limitierende Faktoren	118
7.3	Vergleich Freibereich und Straßentunnel	118
8	**Einsatztaktik**	**120**
8.1	Führung im Einsatz	120
8.1.1	Führung allgemein	120
8.1.2	Der Einsatzleiter	121
8.1.3	Der Führungsvorgang	122
8.1.4	Relevante Organisationen	125
8.1.5	Grundlagen des Einsatzes	126
8.1.5.1	GAMS-Regel	127
8.1.5.2	5A-B C-5E-Regel	129
8.1.5.3	4-A-Regel	130
8.2	Entscheidungskriterien	131
8.2.1	Detektion – Alarmierung	131
8.2.2	Topographie	133
8.2.3	Straßentunnel	137
8.2.4	Klimabedingungen	139
8.2.5	Anfahrt zum Einsatzort	141
8.2.6	Situation erkunden – Schadenlage	143
8.2.6.1	Erkundung am Einsatzort	143
8.2.6.2	Gefahrenerkennung	143
8.2.6.3	Behälterausfluss	146
8.2.6.4	Art der Freisetzung	147
8.2.7	Alternative Erkundungsformen	152
8.2.8	Flüssigkeitsabfluss – Entwässerung	154

Inhaltsverzeichnis

8.2.9	Fahrzeuge mit alternativen Antrieben	161
8.3	Absperrmaßnahmen	165
8.3.1	Örtliche Absperrmaßnahmen – Raumordnung	165
8.3.2	Sonstige Absperrmaßnahmen	166
8.4	Menschenrettung	168
8.5	Lüftung/Luftstrom	171
8.6	Dekontamination	174

9 Taktikschema **175**

10 Nach dem Ereignis **177**

Fazit **179**

Abkürzungsverzeichnis **182**

Literatur- und Quellenverzeichnis **184**

1 Grundlagen

1.1 Rechtliche Aspekte

Tunnelbauwerke, die zum transeuropäischen Straßennetz gezählt werden, müssen den Richtlinien der Europäischen Union entsprechen (Richtlinie EU Nr. 2004/54/EG (2004), Seite 1). Diese werden mit nationalen Gesetzgebungen in das jeweils länderspezifische Rechtssystem übernommen. Zur Geltung gebracht werden kann dies für Bundesstraßen, somit Autobahnen wie auch Schnellstraßen mit einer Tunnellänge von mehr als 500 m (STSG (2013), § 1, Abs. 1.). Für Tunnel außerhalb dieser Regelung (Tunnel auf Landes-, Bezirks- und Gemeindestraßen bzw. Tunnel mit einer Länge von weniger als 500 m) wird dieses meist sinngemäß angewendet. Die jeweiligen Gesetzlichkeiten erstrecken sich neben der Tunnelanlage auch auf den Vorportalbereich.

Beschränkungen für die Durchfahrt durch Straßentunnel für Fahrzeuge mit gefährlichen Stoffen werden mit dem Europäischen Übereinkommen über die internationale Beförderung gefährlicher Güter auf der Straße (ADR (2017), Kapitel 1.9.1) festgelegt und wiederum durch ein nationales Gesetz länderspezifisch zur Umsetzung gebracht. Nationale Beschränkungsregelungen finden sich z. B. in Österreich im BGBl. II Nr. 395/2001 ((2001), § 1, Abs. 1), welches Beschränkungen für den Transport von gefährlichen Gütern durch Autobahntunnel regelt.

Die Fahrverbotsregelungen, Fahrtrichtungskennzeichnungen, Halte- und Parkverbote etc. werden auf Basis der Straßenverkehrsordnung (StVO (2017), § 42 ff.) durchgeführt (siehe Bild 1). Außerdem gibt es in Österreich auf nationaler Ebene die Ferienreiseverordnung ((2000), § 1), die Fahrverbote an Wochenenden im Sommer regelt, sowie die »Verordnung über die Beschränkungen für Beförderungseinheiten mit gefährlichen Gütern beim Befahren von Autobahntunnel«, welche die Durchfahrt durch einröhrige Straßentunnel für Gefahrguttransporte reglementiert und teilweise beschränkt (Tunnelverordnung (2001), § 1.). Für die Planung, Dimensionierung, Errichtung, Inbetriebnahme und das Störfallmanagement stellt die Österreichische Forschungsgesellschaft Straße-Schiene-Verkehr (FSV) die Richtlinien und Vorschriften für das Straßenwesen (RVS) zur Verfügung. Diese werden vom Bundesministerium für Verkehr, Innovation und Technologie (BMVIT) mit der Autobahnen- und Schnellstraßen Finanzierungs-Aktiengesellschaft (ASFINAG) und den Bundesländern ausgearbeitet und durch den Gesetzgeber im Bereich der Bundesstraßen für verbindlich erklärt.

1 Grundlagen

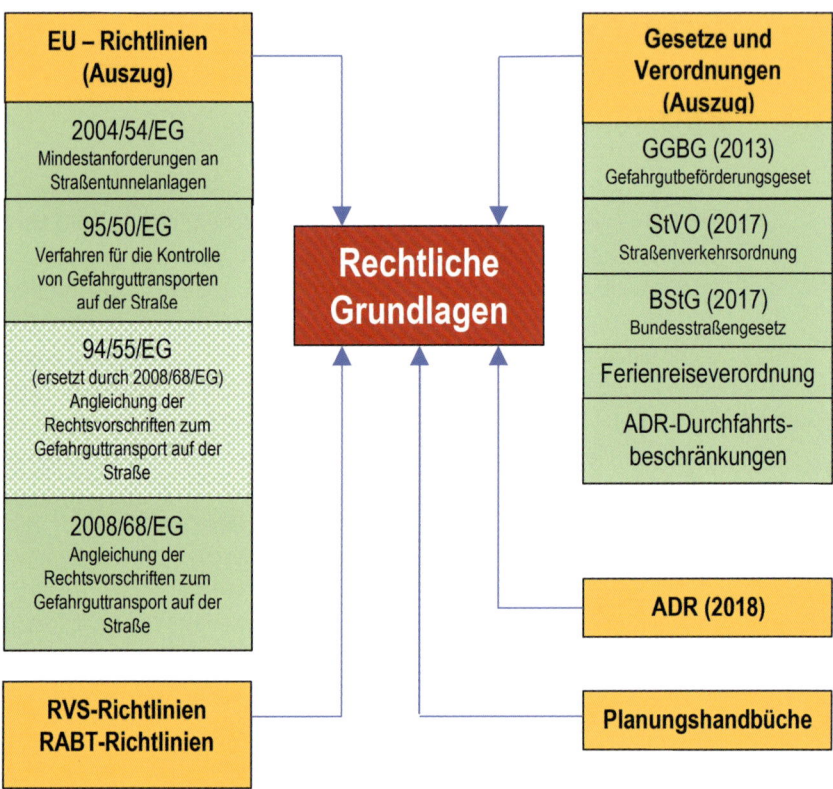

Bild 1: *Rechtliche Grundlagen beim Transport von Gefahrgut durch Straßentunneln*

Als normative Grundlagen für die Straßentunnel sind u. a. folgende Richtlinien sicherheitsrelevant:

- RVS 09.02.22 – Tunnelausrüstung
- RVS 09.02.31 – Grundlagen (Tunnel, Tunnelausrüstung, Belüftung)
- RVS 09.02.32 – Luftbedarfsberechnungen (Tunnel-Belüftung)
- RVS 09.03.11 – Tunnel – Risikoanalysemodell
- RVS 09.03.12 – Risikobewertung von Gefahrguttransporten in Straßentunneln

Zusätzlich zu den gesetzlichen Regelungen und den RVS-Richtlinien oder RABT-Richtlinien verfügen Betreiber von Tunnelanlagen (z. B. ASFINAG) über Planungshandbücher und interne technische Planungshilfen, die bei der Umsetzung eines Tunnelbauwerkes berücksichtigt werden müssen.

1.2 Risiko

Das Schutzniveau ist ein grundsätzlich von der Gesellschaft und des Weiteren von der Politik festzustellender Parameter. Aus diesem Schutzniveau lassen sich Fragen ableiten, die nicht einfach zu beantworten sind. Fragen wie z. B.

- Was ist uns das Menschenleben wert und wieviel Ressourcen (Geld, Personal, Ausrüstung etc.) sollen eingesetzt werden, um es im Ereignisfall retten zu können?
- Wie viele Tote pro Zeiteinheit und Längenabschnitt akzeptieren wir?

Die Liste der Fragen lässt sich beliebig erweitern, die Antworten bergen immer großes Diskussionspotenzial. Wo kann die Grenze zwischen wirtschaftlich vertretbar und gesellschaftlich akzeptabel gezogen werden?

Ab einem bestimmten Punkt muss von einem akzeptablen oder in Kauf genommenen Risiko gesprochen werden. Die akzeptierte Versagenswahrscheinlichkeit von Bauteilen, Bauprodukten, Ausrüstungsgegenständen, statisch relevanten Komponenten etc. gibt daraufhin den Punkt an, ab welchem dieses akzeptierte Risiko zum Tragen kommt. Tritt das Schadensereignis nicht ein, so wird dies als Zuverlässigkeit der verwendeten Elemente oder der Fahrzeuge und Benutzer von Bauwerken wie auch Tunnelbauwerken bezeichnet.

Sicherheit in technischen Systemen resultiert aus Schutzeinrichtungen und aus dem Fehlen von Gefahrenquellen (z. B. durch Ausschluss oder Vermeidung dieser). Durch die Festlegung diverser Maßnahmen und das Einhalten des Standes der Technik erfolgt die Bestimmung eines »Schutzgrades«, woraus sich das tolerable Risiko ableiten lässt. Dieses Risiko ergibt sich aus Kompromissen, Erfahrungen, verschiedenen Untersuchungen, Aufwand und Wirksamkeit von diversen Schutzmaßnahmen (vgl. Preiss/Struckl (2017), Seite 4 f.). Risiken sind in allen Lebenslagen vorhanden und werden nach der DIN ISO 31000:2011 (Seite 8) wie folgt definiert:

»Auswirkung von Unsicherheit auf Ziele«

Viele angewendete Elemente im Risikomanagement beinhalten Führungsaufgaben, die darauf abzielen, Menschenleben, Schäden, und diverse Folgen von bedrohlichen Situationen zu kontrollieren bzw. auf ein vertretbares Maß (gesellschaftlich und

1 Grundlagen

wirtschaftlich) zu reduzieren. Eine vermeintlich sehr einfache Strategie zur kompletten Eliminierung von Risiken ist die Risikovermeidungsstrategie. Dabei werden so viele Probleme, Ursachen oder Risiken wie möglich ausgeschlossen. Dies basiert hauptsächlich auf organisatorischen Maßnahmen wie z. B. Erarbeitung von Richtlinien, Prozeduren, Durchführung von Schulungen, um Ereignisse erst gar nicht eintreten zu lassen. Die Vermeidung setzt einerseits auf die Tunnelstruktur (interne Organisation, Schulung eigener Mitarbeiter etc.) als auch auf den Tunnelnutzer (Wissensvermittlung in Fahrschulen, Aufklärungsprogramme zum »Verhalten in Tunnelanlagen im Ereignisfall« usw.). Die grundsätzlichen Elemente der Tunnelsicherheit sind sehr weitreichend. Um die Sicherheit zu gewährleisten, müssen viele Parameter wie der Verkehr, die Fahrzeuglenker, das Tunnelbauwerk, die elektrotechnische Infrastruktur oder auch die Intervention der Einsatzkräfte mitbetrachtet werden.

Merke:
Risiko = Eintrittswahrscheinlichkeit x Auswirkung

Für jedes Einsatzszenario werden die Risiken empirisch ermittelt. Es liegen häufig viele Einflussfaktoren vor: Bauwerksparameter, Materialien, Ausstattung, Erfahrung vom Einsatzleiter, Passanten, Statistiken, taktische Vorgaben, Transportpapiere, Anweisungen, die Lage vor Ort, die Gefährdungsbeurteilung usw. Bild 2 zeigt dabei den Ablauf eines Risikoanalyseprozesses.

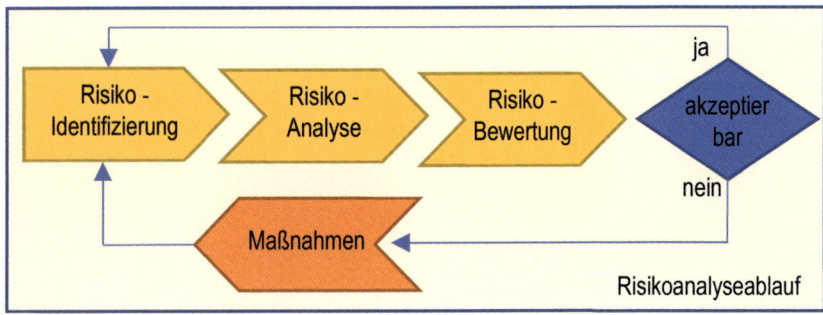

Bild 2: *Risikoanalyseablauf*

Der Einsatzleiter durchläuft im Regelkreis die Risikoanalyse (siehe Bild 2) ständig und immer wiederkehrend. Zu beachten hat er unter anderem Risiken für Mensch, Tier

1.2 Risiko

und Umwelt sowie die Risiken für die eigenen Einsatzkräfte – welche als direkte Risiken bezeichnet werden. Folgeschäden wie die Einwirkung auf die Infrastruktur, die Wirtschaft o. ä. werden als indirekte Schäden bezeichnet. Als dritte Gruppe sind die betrieblichen Risiken zu beachten. Fällt eine Tunnelanlage aus, müssen einerseits Instandsetzungsmaßnahmen konzentriert eingesetzt werden, andererseits entfallen Mautgebühren und großräumige Umfahrungen belasten die umgebende Straßeninfrastruktur (Menge an zusätzlichem Verkehr wie auch Schadstoffe, Unfallgefahren etc.). Diese Risiken werden durch verschiedene Management-Analysetools in langwierigen Verfahren ermittelt und in Folge werden nach einer Bewertung daraus Maßnahmen abgeleitet. Dabei unterscheidet man zwischen Risikoverhinderung, Risikominderung und Risikoakzeptanz.

Maßnahmen zur Minderung des Risikos
In allen Lebenssituationen bestehen Risiken für Mensch, Tier und Umwelt. Durch vielerlei Maßnahmen kann man das auftretende Risiko beeinflussen und dieses auf ein gewünschtes Niveau bringen, indem

- alle nicht vertretbaren Risiken entfernt werden (Risikominderung).
- ein Zustand als gefahrenfrei angesehen wird (Risikoverhinderung).
- das verbleibende Risiko akzeptiert wird (Risikoakzeptanz).

Um ungewünschte Betriebszustände (Störungen in der Technik, Hilfeleistungen (Pannen), Verkehrsunfälle, Brände, Massenanfall von Verletzten oder auch Gefahrgutaustritte) auf ein akzeptables Risiko zu reduzieren bzw. die Auswirkungen dieser Betriebszustände zu minimieren, werden Alarm- und Gefahrenabwehrpläne seitens des Betreibers in Abstimmung mit den Einsatzkräften erarbeitet. In Tabelle 1 werden Risikobereiche, die im Bau wie auch im Betrieb relevant sind, aufgelistet. Risiken sind nicht nur für Personen, die Infrastruktur oder die Umwelt vorhanden. Auch wirtschaftliche Risiken und immaterielle Risiken – wie etwa ein Imageschaden – sind in die Betrachtung mit einzubeziehen (vgl. Galler (2017 c), Seite 5 ff.).

Ein Tunnel gilt als »sicher«, wenn er den aktuellen technischen Richtlinien wie auch den geltenden einschlägigen Gesetzen entspricht (richtlinienbasierter Ansatz) oder wenn die vorher festgelegten Risikokriterien (risikobasierter Ansatz) erreicht werden (vgl. Kohl (2018), Seite 12).

1 Grundlagen

Tabelle 1: Risiken in Tunnelanlagen im Bau und Betrieb

Personenschutz	Versorgung		Sonstiges
Eigenschutz	Belüftung	Bergwasser	Verkehrswege
Aufenthalt von Fremdpersonal	Luftversorgung		Schachtsicherung
Positionserkennung	Beleuchtung		Ausbruch/Verbruch
Mangelndes Sicherheitsbewusstsein	Elektrizität		Transport
Schlechte Ausbildung			Maschinensicherheit
Personal Fluktuation			Finanzieller Druck

Auf Risiken kann sinnvollerweise nach einer Risikoanalyse in Form eines mehrstufigen Prozesses auf die einzelnen Ereignisphasen reagiert werden (siehe Bild 3). Die erste und gleichzeitig effektivste Stufe, mit Risiken umzugehen, ist die **Prävention** und somit ein Ereignis gar nicht erst eintreten zu lassen. Dabei können Geschwindigkeitsbegrenzungen, blinkende Ampeln oder auch gezielte Informationen der Tunnelnutzer (Informationstafeln, Lautsprecherdurchsagen, Aufschaltung in den Radioverkehrsfunk usw.) eingesetzt werden. Regelmäßige Wartungen der Anlage, Investitionen in die Sicherheitstechnik und hochverfügbare Systeme sind erforderlich. Die nächste Stufe sind **ereignismindernde Maßnahmen**. Dabei können technische Maßnahmen wie Lüftungen, Löschanlagen etc. oder organisatorische Maßnahmen zum Einsatz kommen. Einfache organisatorische Maßnahmen sind die Geschwindigkeitsbegrenzung, Verbot des Fahrspurwechsels oder nur eine begrenzte Anzahl von Fahrzeugen gleichzeitig die Tunnelanlage benutzen zu lassen. In Straßentunnelanlagen gilt das Selbstrettungskonzept. Tunnelnutzer werden dabei mit verschiedenen Maßnahmen (Lüftungssteuerung, Beleuchtungsregelung, Fluchtwegkennzeichnung, wie auch durch Ansagen mit der installierten Beschallungsanlage etc.) bei der Flucht unterstützt. Im Weiteren wird durch gezielte Veranstaltungen in der Fahrausbildung das korrekte Verhalten bei Notsituationen in Tunnelanlagen trainiert. In letzter Konsequenz ist für die **Fremdrettung** die Feuerwehr im Gesamtkonzept berücksichtigt. Alarm- und Ausrückepläne, Sonderalarmpläne, Kommunikationssysteme und die vorhandene Ausrüstung sind Teil der Fremdrettung. Können die Einsatzkräfte die Tunnelanlage in kurzer Zeit erreichen, können Schadensereignisse (Größe von Brandereignissen, Verbreitung von Schadstoffen, Menge von ausgelau-

1.3 Einsatzgrenzen

fenen Flüssigkeiten etc.) kleiner ausfallen, als wenn lange Anfahrtszeiten und viele weitere Parameter einkalkuliert bzw. berücksichtigt werden müssen.

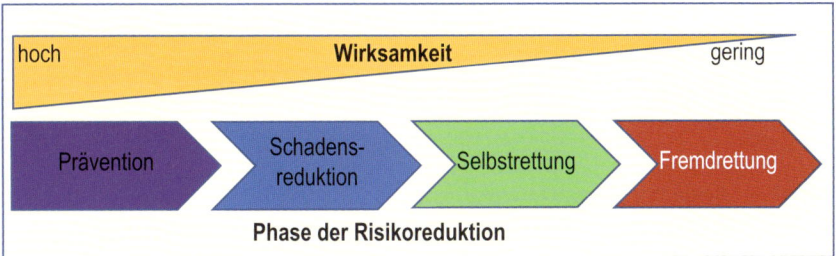

Bild 3: *Stufenmodell Risikoreduktion*

Bild 4: *Fluchtwegskennzeichnung*

1.3 Einsatzgrenzen

Einsätze in unterirdischen Verkehrsanlagen bergen für die Einsatzkräfte hohe Risiken, die seitens des Einsatzleiters nur sehr schwer abzuschätzen sind. Eine genaue und ausreichende Erkundung der Situation und in weiterer Folge eine genaue Abwägung der Rückmeldungen von den eingesetzten Trupps sind essenziell.

Einsatzgrenzen sind dabei nicht immer leicht zu definieren und ändern sich mit jeder Einsatzsituation, wie auch mit der Fortdauer des Einsatzes. Sind in einem Einsatz

1 Grundlagen

keine Menschenleben involviert und die Brandintensität ist sehr hoch, dann wird man sich den Einsatz der eigenen Mannschaft zu diesem Zeitpunkt gut überlegen. In einem anderen Fall, beispielsweise einem Lkw-Unfall, bei dem sich der Fahrer noch in der Kabine befindet und das beförderte Produkt austritt, wird man sich möglicherweise anders entscheiden, da Menschenleben in dieser Situation involviert sind. In Tabelle 2 ist eine Übersicht möglicher Einsatzgrenzen aufgeführt, die zu beachten sind.

Tabelle 2: *Beispiele für Einsatzgrenzen*

Parameter			
Einsatzart	Anmarschzeit	Eigenes Personal	
Hitze	Schutzstufe	Geräte	Brandlast
Stoffaustritt	Brandlast	Menschen in Gefahr	Bauliche Situation

Ergibt sich aus der Analyse des ausgetretenen Stoffes, der Situation vor Ort (Lachengröße, Entwässerungssystem etc.), der beteiligten Fahrzeuge und der notwendigen Tätigkeiten (z. B. Menschenrettung nicht notwendig) die Erkenntnis, dass ein Einsatz ein zu hohes Risiko für das einzusetzende Personal (zu hohe Konzentration, Explosionsgefahr, zu hohe physische oder psychische Belastung für das Einsatzpersonal etc.) darstellt, so sind die Einsatzgrenzen für eine Intervention mit dem Einsatzpersonal erreicht. In diesem Fall sind andere Möglichkeiten der Problemlösung in Betracht zu ziehen (Roboter, Neubewertung der Situation nach Flüssigkeitsablauf etc.). Möglicherweise ist auch das Abwarten und neu Evaluieren nach einer bestimmten Zeitdauer eine Lösung, um den Einsatz weiter abarbeiten zu können.

Praxistipp:

Einsatzgrenzen sind bei jeder Einsatzsituation und fortlaufender Einsatzdauer unterschiedlich. Eine genaue Abwägung der erkundeten Parameter und eine genaue Überlegung zur eigenen Risikofreudigkeit sind essenziell. Das Ändern der Betrachtungsweise (Angriffswege, Löschmittel etc.) oder das Einholen einer Zweitmeinung, z. B. von anwesendem Fachpersonal, können alternative Lösungsansätze aufzeigen.

1.4 Einteilung der Straßentunnel wie auch der gefährlichen Stoffe

Europäisches Übereinkommen über die internationale Beförderung gefährlicher Güter auf der Straße (ADR)
Das ADR 2017 regelt international die Beförderung von gefährlichen Gütern auf der Straße für die derzeit 47 Vertragspartner. Darin sind alle gefährlichen Güter, welche auf der Straße transportiert werden, aufgelistet. Der Transport darin nicht gelisteter gefährlicher Güter durch das jeweilige Hoheitsgebiet eines Staates kann im Wege eigener bilateraler Verträge vereinbart werden (vgl. ADR (2017), Seite IV ff.).

Mit dem ADR 2017 werden u. a. Bestimmungen getroffen, welche die Durchfahrt durch Straßentunnelanlagen auf Basis von Risikoanalysen beschränken bzw. durch zusätzliche Maßnahmen (z. B. Begleitfahrzeug) ergänzen können (vgl. STSG (2017), Anlage Sicherheitsmaßnahmen, Punkt 3.7). Die Anwendung der Durchfahrtsbeschränkungen wird in den Mitgliedsstaaten unter Einbeziehung von vertretbaren Alternativrouten und nationalen Regelungen unter Zuhilfenahme des Risikomodells DG-QRAM (Dangerous Goods-Quantitative Risk Assessment Model) erarbeitet.

Fahrzeuge mit gefährlichen Gütern, wenn diese in das ADR fallen (z. B. Ausschluss aufgrund eines Mindermengentransportes), werden einem Tunnelbeschränkungscode zugeordnet. Dieser ist in den Stofflisten des ADR abgebildet und kann in den Beförderungspapieren, die jeder Transporteur mit sich führt, eingesehen werden (vgl. ADR (2017), Kapitel 3).

> **Merke:**
> Der Tunnelbeschränkungscode seitens des Transportfahrzeuges (Stückguttransport, Tankfahrzeug etc.) in Verbindung mit der Tunnelkategorisierung (für das Bauwerk selbst) erlaubt die Aussage, inwieweit eine Durchfahrt mit dem jeweiligen gefährlichen Stoff durch den Straßentunnel erlaubt ist.

Eine Veranschaulichung der Durchfahrtsbeschränkungen der Tunnelkategorie (siehe Tunnelkategorisierung) in Verbindung mit dem Tunnelbeschränkungscode (siehe Tunnelbeschränkungscode (TBC)) ist in Bild 5 ersichtlich.

Dangerous Goods-Quantitative Risk Assessment Model (DG-QRAM)
DG-QRAM wurde von PIRAC/OECD zwischen 1997 und 2001 in einem ERS2 Projekt entwickelt und kann für die Risikoanalyse nach der Direktive 2004/54/EC (Mindest-

1 Grundlagen

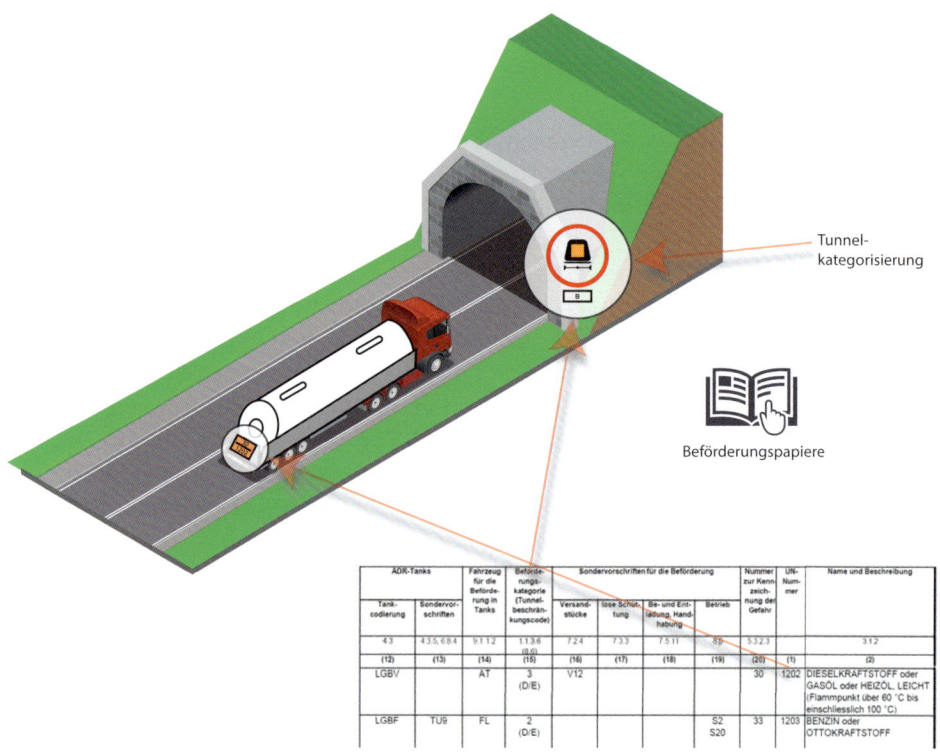

Bild 5: *Tunnelbeschränkungscode (siehe auch Tabelle 4)*

anforderungen an die Sicherheit von Tunneln im transeuropäischen Straßennetz) angewendet werden (vgl. Piarc (o. A.)). Die Software ermöglicht:
- den Risikovergleich von Gefahrguttransporten durch Tunnel und alternative Routen im Freibereich,
- die Bewertung von Tunnelbeschränkungen/Regelungen (ADR Gefahrgutgruppenbeschränkung),
- die Bewertung gesellschaftspolitischer Risiken,
- die Bewertung der Tunnelausrüstung (Notausgänge etc.) (vgl. Piarc (o. A.)).

Bei dessen Anwendung wird in einem F/N Diagramm das Risiko dargestellt. Dabei gibt es drei unterschiedliche Bereiche für das Risiko:

1.4 Einteilung der Straßentunnel wie auch der gefährlichen Stoffe

Bild 6: *Kennzeichnung der Durchfahrtsbeschränkung vor einem Tunnel*

1. Das Risiko ist in einem tolerierbaren Bereich, somit ist keine weitere Maßnahme erforderlich.
2. Das Risiko ist in einem nicht tolerierbaren Bereich, sofortige Maßnahmen ohne Rücksicht auf Kosten sind durchzuführen.
3. Das Risiko ist »zwischen« tolerierbarem und nicht tolerierbarem Bereich, der sogenannte ALARP-Bereich, bei welchem Maßnahmen für eine Risikosenkung nach Betrachtung der Kosten-Nutzen-Gleichung durchgeführt werden.

Die Analyse erfolgt dabei stufenweise von Stufe 1 bis Stufe 3. Lässt sich ein Tunnel nicht mit der geringsten Stufe positiv bewerten, wird die nächste Stufe zur Maßnahmenanalyse herangezogen, bis eine positive Bewertung abgegeben werden kann.

1 Grundlagen

Vereinfachte Bewertung (1. Stufe)

Einfache Identifikation von Tunneln mit niedrigem Gefahrguttransportrisiko

Relevanzschwelle für den Risikoerwartungswert:
EF= 0,001 Tote / Jahr / Tunnel

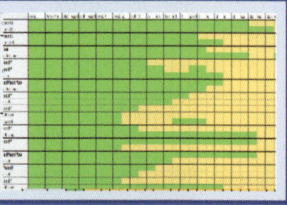

Detaillierte Bewertung mittels quantitativer Risikoanalyse (2. Stufe)

Stufe 2a:
Risikoermittlung für den Tunnel und Vergleich mit Referenzkurve im FN-Diagramm

Stufe 2b:
untragbares Risiko: zusätzliche Maßnahmen

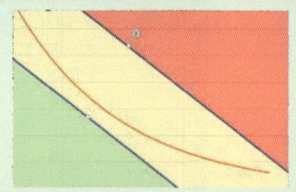

Alternative Route prüfen unter Verwendung von DG-QRAM (3. Stufe)

Untragbares Risiko:

Vergleich der Strecke mit einer Umfahrungsmöglichkeit

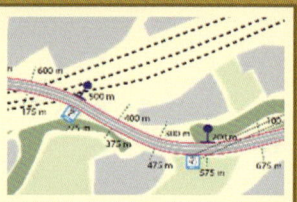

Bild 7: *Bewertungsstufen nach DG-QRAM*

UN-Nummer

Für gefährliche Güter werden vom Expertenkomitee der Vereinten Nationen die UN-Nummern, welche auch als Stoffnummern bezeichnet werden, festgelegt. Diese vierstellige Nummer beschreibt keine einzelnen chemischen Verbindungen, sondern Stoffgruppen. Dabei wird vom Gefährdungspotenzial ausgegangen. Beispiele:
- UN 1005: Ammoniak, wasserfrei
- UN 1202: Dieselkraftstoff/Heizöl
- UN 1203: Benzin
- UN 1977: Stickstoff

1.4 Einteilung der Straßentunnel wie auch der gefährlichen Stoffe

Tunnelkategorisierung
Nach der Risikoanalyse kann die Risikobewertung durchgeführt werden. Auf Basis dieser Erkenntnisse kann der Straßentunnel einer Tunnelkategorie zugeordnet werden. Dabei basiert die Kategorisierung auf der Annahme, dass in Straßentunnelanlagen drei Hauptgefahren maßgebend sind, die für Menschen bzw. das Bauwerk weitreichende Folgen verursachen können:
1. Explosionen
2. Freiwerden giftiger Gase oder flüchtiger, giftiger, flüssiger Stoffe
3. Brände (vgl. ADR (2017), Seite 1.9-1, Punkt 1.9.5.2.1)

Die Einteilung erfolgt in die Tunnelkategorien von A bis E, wobei die Kategorie A keine Beschränkungen für die Durchfahrt enthält und die Kategorie E fast ausnahmslos Transporte verbietet. Am Bauwerk selbst wird die Tunnelkategorie gemäß dem Gefahrgutbeförderungsgesetz mit dem Kennzeichen »Fahrverbot für Kraftfahrzeuge mit gefährlichen Gütern« (vgl. StVO (2017), § 52, Punkt 7 e) sowie einer Zusatztafel, auf welcher die Tunnelkategorie angegeben wird, gekennzeichnet (siehe Bild 7).

Tunnelbeschränkungscode (TBC)
Jeder im ADR gelistete Stoff enthält neben einer UN-Nummer eine Klassifizierung zu einem Tunnelbeschränkungscode. Die Beschränkungen werden in Tabelle 4 Spalte »Beförderungskategorie« (Tunnelbeschränkungscode – Spalte 20) im ADR abgebildet.

1 Grundlagen

Tabelle 3: *Tunnelkategorie*

Tunnelkategorie	Beschränkung	Beschreibung	Kennzeichnung
A	keine Beschränkung	kein Zeichen	–
B	Beschränkung für gefährliche Güter, die zu einer sehr großen Explosion führen können	Zeichen mit Tafel mit dem Buchstaben »B«	
C	Beschränkung für gefährliche Güter, die zu einer sehr großen Explosion, großen Explosionen oder zur umfangreichen Freisetzung von giftigen Stoffen führen können	Zeichen mit Tafel mit dem Buchstaben »C«	
D	Beschränkung für gefährliche Güter, die zu einer sehr großen Explosion, großen Explosionen, zur umfangreichen Freisetzung von giftigen Stoffen oder zu einem großen Brand führen können	Zeichen mit Tafel mit dem Buchstaben »D«	
E	Beschränkung für alle gefährlichen Güter bis auf wenige Ausnahmen	Zeichen mit Tafel mit dem Buchstaben »E«	

1.4 Einteilung der Straßentunnel wie auch der gefährlichen Stoffe

Tabelle 4: ADR Tabelle (ADR (2017), Seite 3.2-A-58.)

ADR-Tanks		Fahrzeug für die Beförderung in Tanks	Beförderungskategorie (Tunnelbeschränkungscode)	Sondervorschriften für die Beförderung				Nummer zur Kennzeichnung der Gefahr	UN-Nummer	Nummer und Beschreibung
Tank-Codierung	Sondervorschriften			Versandstücke	lose Schüttung	Be- und Entladung, Handhabung	Betrieb			
(12)	(13)	(14)	(15)	(16)	(17)	(18)	(19)	(20)	(1)	(2)
4.3	4.3.5, 6.8.4	9.1.1.2	1.1.3.6 (8.6)	7.2.4	7.3.3	7.5.11	8.5	5.3.2.3		3.1.2
LGBV		AT	3 (D/E)	V12				30	12:02	DIESELKRAFTSTOFF oder GASÖL oder HEIZÖL, LEICHT (Flammpunkt über 60 °C bis einschließlich 100 °C)
LGBF	TU9	FL	2 (D/E)				S2 S20	33	12:03	BENZIN oder OTTOKRAFTSTOFF

1 Grundlagen

Gefährliche Stoffe im Allgemeinen

»Alle Dinge sind Gift, und nichts ist ohne Gift; allein die Dosis machts, daß ein Ding kein Gift sei«

Dieser Ausspruch von Bombastus von Hohenheim aus dem Jahr 1538 hat bis heute Bestand. Für die Einsatzkräfte ist neben der Art und dessen Eigenschaften auch die Menge des ausgetretenen Stoffes und in weiterer Folge die Einwirkung auf das eigene Einsatzpersonal, Schutzbekleidung oder die Ausrüstung von Bedeutung. Aus diesen Werten ergeben sich einerseits Explosionsgrenzen und andererseits in Verbindung mit der Zeit die Toxizität (Einwirkdauer und Produkteigenschaften) der einzelnen Produkte.

Gefährliche Stoffe sind in den unterschiedlichsten Erscheinungsformen und Kombinationen im alltäglichen Leben vorhanden. Zur Produktion von Geräten, Produkten, Werkzeugen, als Treibstoff oder Reinigungsmittel, beim Arzt im Röntgengerät oder zur Stromerzeugung in Atomkraftwerken. Krankenhäuser und Pflegeeinrichtungen (medizinischer Abfall) sind ebenso betroffen wie Labore zur Forschung und Untersuchung von biologischem Material. Über 85 000 chemische Verbindungen – die beim Freiwerden die verschiedensten Wirkungen auf Menschen, auf Tiere, wie auch auf die Umwelt ausbreiten können – werden gelagert, verarbeitet oder transportiert. Viele davon kommen nur in geringen Mengen und sehr selten vor, was das Gefahrenpotenzial keinesfalls verringert. Bild 8 stellt die auf der Straße transportierten Mengen in Prozent nach Gefahrgutklassen in Österreich dar.

Die Sicherheitsvorkehrungen im Transport sind sehr hoch (Verpackung, Kennzeichnung, Routengenehmigungen etc.). Nichtsdestotrotz können Unfälle passieren, die zu letalen Ereignissen, großräumigen Schadstoffwolken und Kontamination der Umgebung und der Menschen und Tiere führen. Das Risiko und auch das Schadensausmaß steigen mit der transportierten Menge und der Eigenschaften der gefährlichen Güter. Auf der Straße ist hier eine Begrenzung mit dem in der Straßenverkehrsordnung (StVO) festgelegten maximalen Fahrzeuggewicht vorgegeben. Beim Transport mit der Eisenbahn oder mit Schiffen können Transportmengen von 100 000 l bis über 1 000 000 l gerechnet werden. Grundsätzlich unterscheidet man zwischen

- radioaktiven Stoffen (A-Stoffe),
- biologischen Agenzien (B-Stoffe)
- und chemischen Stoffen (C-Stoffe).

1.4 Einteilung der Straßentunnel wie auch der gefährlichen Stoffe

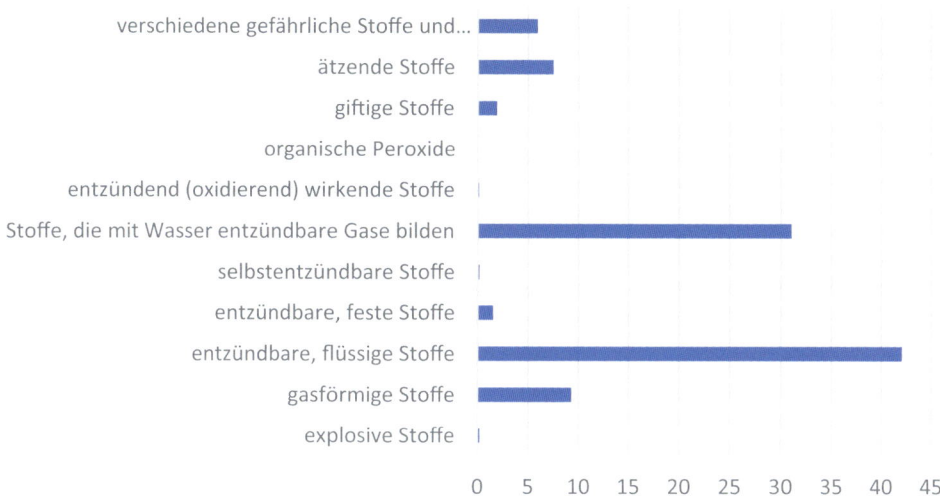

Bild 8: *Mengen beim Transport (in Prozent (%)) (vgl. Asfinag S7 Abschnitt West Einreichprojekt (2008) Seite 12)*

Radioaktive Stoffe

Unter Radioaktivität wird die von selbst erfolgende Umwandlung eines instabilen Elements in ein anderes Element durch Veränderung seines Kerns verstanden. In der überwiegenden Zahl der vorkommenden Zerfallsarten erfolgt dies durch die Aussendung hochenergetischer Teilchen. Neben den natürlichen Strahlenquellen (kosmische Strahlung, terrestrische Strahlung) existieren viele, vom Menschen geschaffene, künstliche Strahlungsquellen, welche zusätzlich zu den natürlich vorkommenden strahlenden Materialien auf den Menschen einwirken. Diese verschiedenen Strahlungsquellen sind auszugsweise nachfolgend aufgelistet:
- bildgebende Verfahren in der Medizin (Röntgenapparat)
- kerntechnische Anlagen (Atomkraftwerk)
- elektrotechnische Quellen (ionisierende Strahlung)
- sonstige technische Quellen (chemische Umwandlung)

Grundsätzlich gilt es, drei unterschiedliche Zerfallsarten voneinander zu unterscheiden:
- **α-Zerfall**: Beim Alphazerfall wird ein hochenergetisches Alphateilchen abgegeben. Dies ist ein Helium-Kern mit zwei Protonen und zwei Neutronen. Alphateilchen haben eine große Masse und sind doppelt positiv

geladen. Ihre Strahlungsreichweite ist gering. Eine Abschirmung ist bereits mit einem Blatt Papier möglich.
- **β-Zerfall**: Beim Betazerfall wandelt sich im Atomkern ein Neutron in ein Proton und ein Elektron um. Durch diesen Vorgang wird das Elektron mit hoher Energie aus dem Kern herausgeschleudert. Auch Betastrahlen ionisieren Materie, haben aber weit weniger Masse als Alphastrahlen. Ihre Reichweite ist etwas höher als bei Alphateilchen. Eine Abschirmung ist durch wenige Millimeter Aluminium möglich.
- **γ-Zerfall**: Mit dem Alpha- und Betazerfall ist oft noch ein Gammazerfall verbunden. Nach Aussendung eines Alpha- oder Betateilchens kann ein Kern zu viel Energie enthalten. Die überschüssige Energie wird in Form eines Gammaquants abgegeben.

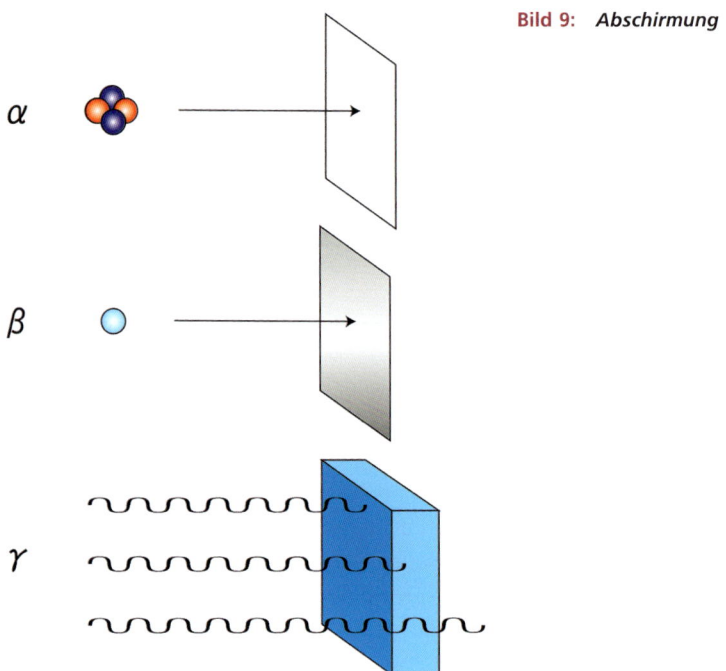

Bild 9: **Abschirmung**

Im Gegensatz zu Alpha- und Betastrahlung ist die Gammastrahlung eine ionisierende Strahlung und kann nicht abgehalten (abgeschirmt), sondern nur exponentiell abgeschwächt werden. Eine hohe Abschwächung der Strahlenbelastung ist durch einen dicken Bleimantel möglich. Bild 9 vergleicht die Strahlungsarten und zeigt eine

1.4 Einteilung der Straßentunnel wie auch der gefährlichen Stoffe

mögliche Abschirmung dieser. Der Zerfall eines Nuklides ist bei jedem Stoff unterschiedlich und kann dabei durch das Zerfallsgesetz beschrieben werden. Dabei reicht die Halbwertszeit eines Stoffes von weniger als einer Sekunde, z. B. bei Iod, bis mehreren Millionen Jahren, wie beispielsweise bei Thorium.

Praxistipp:
Bei Strahlenexposition ist vor allem die aufgenommene Strahlendosis pro Zeiteinheit ausschlaggebend. Die möglichen Folgen können von geringen Langzeitschäden bis zum zeitnahen Tod führen. Notwendige Interventionen sollten von älteren Einsatzkräften unter Berücksichtigung der 4-A-Regel (siehe Tabelle 23 4-A-Regel) durchgeführt werden. Eine Kontamination soll dabei auf das unbedingt notwendige Maß reduziert werden. Für zeitkritische Tätigkeiten, wie u. U. die Menschenrettung, sind als Mindestschutz schwerer Atemschutz wie auch Chemieschutzstiefel und Chemieschutzhandschuhe zur normalen Schutzbekleidung (Schutzstufe I) als Mindestschutzausrüstung obligatorisch. In Tunnelanlagen sind dabei der lange Anmarschweg und die begrenzte Möglichkeit, sich in einem abgeschirmten Bereich zu bewegen, zu berücksichtigen. Die Abstimmung mit den jeweils zuständigen Behörden und Sachverständigen bzw. Fachberatern ist dabei äußerst wichtig und meist entscheidend für den Einsatzerfolg!

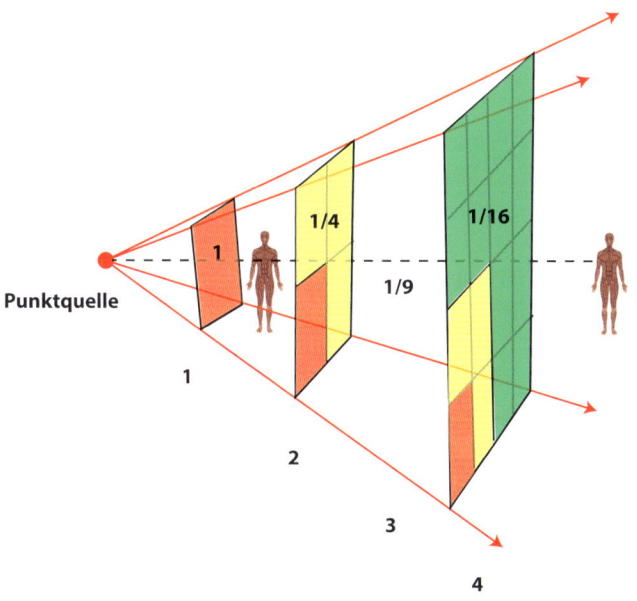

Bild 10: *Quadratisches Abstandsgesetz*

1 Grundlagen

Biologische Stoffe

Unter biologischen Stoffen versteht man unter anderem Mikroorganismen, Endoparasiten, Zellkulturen in natürlich vorkommenden wie auch in gentechnisch veränderten Erscheinungsformen, welche Lebewesen schädigen können. Landläufig versteht man darunter Bakterien, Pilze, Viren oder auch Parasiten. Im Transportwesen kommen solche Stoffe in Form von Krankenhausabfällen, Tierkadavern, Laborprodukten oder militärisch genutzten biologischen Kampfstoffen und nicht zuletzt bei terroristischen Anschlägen vor. Im Falle der Freisetzung nach einem Unfall ist – je nach biologischem Stoff – eine Infektion der Einsatzkräfte möglich. Dabei kann eine Übertragung durch Kontakt (Kontamination), über die Luft (Inhalation) wie auch über die Schleimhaut, Haut etc. (Inkorporation) erfolgen. Dies geschieht lautlos und unsichtbar und kann durch die menschlichen Sinnesorgane nicht wahrgenommen werden. Biologische Stoffe werden nach Artikel 18 Richtlinie 2000/54/EG ((2000), Artikel 2) der Europäischen Union in vier Stufen (siehe Tabelle 5) eingeteilt.

Tabelle 5: *Biologische Stoffe – Risikogruppen*

Risikogruppe	Gefahr für Mensch	Gefahr für Bevölkerung	Heilungsverlauf	Beispiel
1	kein	–	–	–
2	gering	unwahrscheinlich	möglich	Influenzavirus, Masernvirus, Mumpsvirus
3	mittel	mittel	u. U. möglich	Hepatitis-C-Virus, Gelbfieber
4	hoch	hoch	nicht möglich	Lassa-Virus, Ebola-Virus, Marburg-Virus

Infektiöse Stoffe werden mit der Gefahrgut-Unterklasse 6.2 (Ansteckungsgefährliche Stoffe) sowie mit der Gefahrennummer 606 gekennzeichnet. Einige Beispiele für UN-Nummern mit Bezug zu biologischen Stoffen:

- UN 2814: Gefahr für den Menschen
- UN 3373: Diagnostische Proben
- UN 2900: Gefahr für Tiere
- UN 3291: Klinischer Abfall, unspezifiziert, n. a. g.
- UN 3245: Gentechnisch veränderte Mikroorganismen

1.4 Einteilung der Straßentunnel wie auch der gefährlichen Stoffe

Die Verpackung von biologischen Stoffen erfolgt schichtenweise. Der biologische Stoff ist von einem saugenden Material umgeben und in einem Primärbehälter luftdicht verschlossen. Dieser ist wiederum in einem Sekundärbehälter, der nach den ADR-Richtlinien ausgeführt ist, geschützt. Darüber erfolgt des Weiteren der Schutz durch eine Versandverpackung, welche – wie auch die anderen Verpackungsschichten – beschriftet ist. Die Verpackungen müssen dabei Druckprüfungen und hohe Temperaturdifferenzen aushalten. Dabei wird in die Versandkategorie A und Versandkategorie B unterschieden.

Versandkategorie A: Wenn ein infektiöser Stoff dauernde Körperbehinderung hervorruft, ansteckungsgefährlich oder gar letal für Mensch und Tier sein kann, wird er der Kategorie A zugeordnet.

Versandkategorie B: In diese Kategorie fallen alle Stoffe, die nicht unter Kategorie A eingeordnet werden.

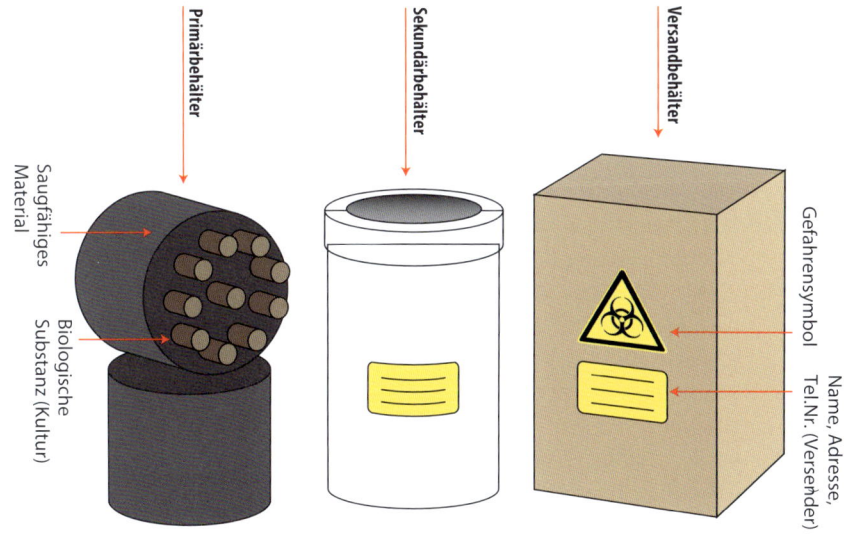

Bild 11: *Behälter Versand*

Zu erkennen, dass ein biologischer Stoff transportiert wird, kann sich mitunter sehr kompliziert darstellen, da dieser ohne Kennzeichnung und Hinweise von anwesenden Personen nur schwer eingeordnet werden kann. Hinzu kommt, dass biologische Proben ggf. mit bloßem Auge nicht erkennbar sind. Messverfahren können vor Ort zum einen systembedingt (Komplexität, Senilität) und zum anderen aufgrund der

1 Grundlagen

Vielfalt an nachzuweisenden Agenzien und der Art der Nachweisführung meist nicht vorgenommen werden.

Praxistipp:
Als Grundsatz gilt in solchen Fällen das Stand-Still-Prinzip (Stationären Zustand der Situation herstellen, durch Absperren, Absichern, Evakuieren etc.). Fachpersonal (Laboranten, Ärzte, Betriebsangehörige etc.) muss für die weiteren taktischen Festlegungen herangezogen werden. Das Weiterverbreiten eines ausgetretenen Stoffes ist unter allen Umständen zu verhindern, soweit dies mit den vorhandenen Schutzmaßnahmen möglich ist. Eine Abstimmung mit dem Fachpersonal, Laboranten, Ärzten ist vor jeder Aktion durchzuführen. Sieht man von einer etwaigen Menschenrettung ab, ist dieser Einsatz in den meisten Fällen nicht zeitkritisch.

Chemische Stoffe

Die Chemie beschäftigt sich mit Stoffen bzw. Stoffgemischen. Diese können in der Natur als Reinstoff vorkommen oder auch in Chemiebetrieben durch Reaktoren hergestellt werden. Alle nicht rein in der Natur vorkommenden Stoffe werden als Stoffgemische bezeichnet. Alle Stoffe haben verschiedene Eigenschaften und können mit den verschiedensten Verfahren und in den verschiedensten Aggregatzuständen in diversen Temperaturzuständen unter Druck vermengt und zu neuen Stoffgemischen zusammengefügt werden. Beispiele für Reinstoffe sind z. B. Ethanol (Alkohol), Wasser oder Kochsalz. Stoffgemische wären z. B. Milch, Luft oder Beton.

Mit Chemikalien werden Reinstoffe oder Stoffgemische bezeichnet, die industriell hergestellt werden. Dabei unterscheidet man zwischen anorganischer und organischer Chemie. Grob eingeteilt beinhaltet die anorganische Chemie alle Stoffe, die frei von Kohlenstoff sind (sowie einige Ausnahmen). Die organische Chemie beinhaltet alle Verbindungen, die kohlenstoffbasierend sind. Die Einteilung in Gefahrstoffe erfolgt darüber hinaus in der Gefahrstoffverordnung und im Chemikalienrecht. Gekennzeichnet werden Chemikalien über die CAS Nummer (Chemical Abstracts Service), welche dabei eine eindeutige Kennzeichnung dieser vornimmt.

Mit der CAS Nummer werden weltweit alle Stoffe in einer Datenbank registriert. Alle wichtigen Eigenschaften, Formeln und Typen sind damit verbunden. Die Nummer besteht dabei aus mehreren Zahlengruppen, die durch Bindestriche getrennt sind. Alle Zahlengruppen sind mit einer Prüfziffer codiert. Sie werden von der American Chemical Society auf Antrag des jeweiligen Erzeugers vergeben. Beispiel: CAS Nr. Wasser 7732-15-5. Derzeit sind ca. 140 Millionen Stoffe in dieser Datenbank registriert, wobei nur ein Bruchteil davon industriell benötigt wird. Ein nutzungsrelevanter Sinn steht bei dieser Datenbank nicht im Vordergrund.

1.4 Einteilung der Straßentunnel wie auch der gefährlichen Stoffe

Gefahrgutklassen

Gefährliche Güter werden von der United Nations Organisation (UNO) über Antrag des Herstellers in Gefahrgutklassen, welche aufgrund ihrer Eigenschaften, Zustände und deren Auswirkung auf Menschen, Tiere und die Umwelt klassifiziert werden, eingeteilt. Diese Eigenschaften (u. a. giftig, brandfördernd, radioaktiv, ätzend, ansteckungsgefährlich, explosionsgefährlich oder brennbar) werden nach einem Prüfschema (vgl. ST/SG/AC.10/11/Rev.5 (2009), Seite 1 f.) beurteilt und eine Zuordnung zu einer Gefahrgutklasse wird durchgeführt. Die Veröffentlichung erfolgte 2015 in den »Recommendations on the TRANSPORT OF DANGEROUS GOODS« in der aktuell 19. Ausgabe (vgl. ST/SG/AC.10/1/Rev21 (Vol I) (2019), Seite 51 f.).

Gefährliche Güter werden in folgende neun Gefahrgutklassen (siehe Tabelle 6) eingeteilt, wobei es weiterführend noch Unterteilungen in den Klassen gibt, die eine genauere Spezifikation der möglichen Eigenschaften und möglichen Auswirkungen erlauben (vgl. ST/SG/AC.10/1/Rev19 (Vol I) (2015), Seite 51).

Tabelle 6: *Gefahrgutklassen*

Klasse	Beschreibung
1	Explosivstoffe und Gegenstände mit Explosivstoffen
2	Gase
3	Brennbare flüssige Stoffe
4	Brennbare feste Stoffe
5	Oxidierend wirkende Stoffe
7	Radioaktive Stoffe
8	Ätzende Stoffe
9	Verschiedene gefährliche Stoffe und Gegenstände

Kennzeichnung der Gefahr

Die »Nummer zur Kennzeichnung der Gefahr« legt zu den gefährlichen Stoffen, welche mit UN-Nummern bezeichnet sind, die Gefahren fest (siehe Tabelle 7). Diese Nummern müssen gemeinsam mit der UN-Nummer auf der orangefarbenen Warntafel auf dem Transportfahrzeug angebracht werden.

1 Grundlagen

Tabelle 7: *Kennzeichnung der Gefahr (vgl. ADR (2017), Seite 5.3-7, Absatz 5.3.2.3.1)*

Nummer	Gefahr
2	Entweichen von Gas durch Druck oder durch chemische Reaktion
3	Entzündbarkeit von flüssigen Stoffen (Dämpfen, Gasen) oder selbsterhitzungsfähiger, flüssiger Stoff
4	Entzündbarkeit von festen Stoffen oder selbsterhitzungsfähiger Stoff
5	Oxidierende (brandfördernde) Wirkung
6	Giftigkeit oder Ansteckungsgefahr
7	Radioaktivität
8	Ätzwirkung
9	Gefahr einer spontanen, heftigen Reaktion

Zwei gleiche Zahlen nacheinander weisen auf eine Zunahme der Gefahr hin. Reicht eine einzige Zahl aus, um die Gefahr zu beschreiben, wird eine 0 angefügt (siehe Tabelle 8). Bestimmten Zahlenkombinationen (22, 323, 333, 362, 382, 423, 44, 446, 462, 482, 539, 606, 623, 642, 823, 842, 90, 99) werden abweichend von den angegebenen Kennzeichnungen besondere Gefahren zugewiesen.

Tabelle 8: *Besondere Kennzeichnung (vgl. ADR (2017), Seite 5.3-7, Absatz 5.3.2.3.1)*

0	Keine weitere Gefahr
X	Stoff kann gefährlich mit Wasser reagieren

Für gefährliche Stoffe, die in die Klasse 1 (Explosivstoffe) eingereiht werden, wird für die Gefahr die jeweilige Verträglichkeitsgruppe (A bis N und S) sowie die Unterklasse (1.1 bis 1.6) angegeben (vgl. ADR (2017), Seite 2.2-2, Absatz 2.2.1.1.4 und Absatz 2.2.1.1.5.9).

Kennzeichnung der Gefahrguttransporte

Die Kennzeichnung der Gefahrguttransporte erfolgt nach ADR 2017 auf drei verschiedenen Ebenen. Die Kennzeichnung der Gefahr und die UN-Nummer werden auf einer orangefarbenen Tafel am Transportfahrzeug angebracht (siehe Bild 12). Die Gefahrgutklasse wird mit der »Bezettelung« wiederum an der Fahrzeugaußenseite für die Einsatzkräfte gut erkennbar angebracht. Des Weiteren sind noch Transport-

1.4 Einteilung der Straßentunnel wie auch der gefährlichen Stoffe

papiere im Führerhaus des Fahrzeuges mitzuführen, welche genauen Aufschluss über die transportierten gefährlichen Güter, sowie über etwaige Maßnahmen im Schadensfall und Sicherheitsvorschriften (Sicherheitsdatenblätter) geben.

Begleitdokumente

Das ADR sieht in diversen Punkten bei der Beförderung von Gefahrgut auf der Straße das Mitführen von Begleitpapieren, die Auskunft über das transportierte Produkt, Erzeuger, Versender, Empfänger und vieles mehr geben, vor. Dies gilt sowohl für kennzeichnungspflichtige als auch für nicht kennzeichnungspflichtige Transporte. Es soll einerseits dem Empfänger die Möglichkeit geben, das Produkt auf Art und Menge zu prüfen und andererseits den Einsatzorganisationen im Havariefall wertvolle Informationen zum Produkt und Kontaktmöglichkeiten für weitere Informationen über den Stoff und dessen Behandlung (in der Regel Versender und Empfänger) geben. Es gibt keine zwingende Form, die dabei einzuhalten ist. Folgende Informationen müssen jedenfalls in dem Beförderungspapier vermerkt sein:

- Klassifizierung
- Verpackung (Anzahl)
- Verpackung (Beschreibung)
- Menge des transportierten Produktes
- Versender
- Empfänger

Bei Transporten, die mit Warntafeln gekennzeichnet werden, müssen Unfallmerkblätter mit den jeweiligen Gefahren, die von dem Produkt ausgehen bzw. Maßnahmen, die zur Schadensbeseitigung von Nutzen sind, mitgeführt werden. Der Fahrer muss einen gültigen Führerschein der jeweiligen Fahrzeugklasse und eine gültige ADR-Transport-Bescheinigung (»ADR-Führerschein«) besitzen.

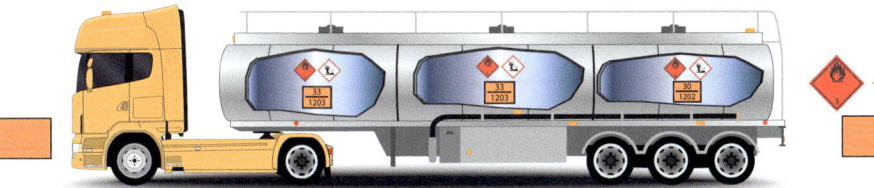

Bild 12: *Kennzeichnung Gefahrgut-Lkw*

1 Grundlagen

1.5 Transport

Mengen

Die transportierten Mengen variieren von gering (100 kg und weniger) bis sehr groß (z. B. 35 000 Liter Benzin). Für die Intervention spielt aber nicht nur die Mengenangabe eine tragende Rolle, sondern vor allem die Angabe des ausgetretenen Stoffes und eventuell vorhandene Zusammenlagerungsverbote. Große Mengen müssen gekennzeichnet sein und von einem Beförderungs-Dokument begleitet werden. Die sogenannten »begrenzten Mengen« oder auch LQ-Sendungen (LQ = Limited Quantity) sind nicht gekennzeichnet und weiter auch nicht in einem Dokument zusammengefasst. Dabei können verschiedenste Produkte mit sehr geringen Auflagen in geringen Mengen transportiert werden. Es besteht die Möglichkeit, dass bis zu 25 Tonnen Produkte befördert werden, ohne dass eine explizite Kennzeichnung dieses Stoffes erfolgen muss (vgl. Niederleitner (2019)).

Verpackung

Gefährliche Güter müssen in Gefahrgutverpackungen abgepackt werden. Diese durchlaufen verschiedene Testreihen (Falltest, Stapeldruckprüfung, hydraulische Innendruckprüfung usw.) und werden nach Bestehen der Prüfung als »Baumuster geprüfte Verpackung« verwendet. Diese Verpackungen unterliegen einer regelmäßigen, wiederkehrenden Prüfung (Kesseldruckprüfung usw.). LQ-Sendungen benötigen keine geprüfte und zugelassene Verpackung (vgl. Niederleitner (2019)).

Merke:
Mindermengentransporte von gefährlichen Gütern müssen nicht auf der Fahrzeugaußenseite gekennzeichnet werden. Diese LQ-Sendungen unterliegen keinen Verpackungsprüfungen.

Tabelle 9 stellt die Parameter der transportierten Menge und Verpackung dar und leitet daraus die Relevanz für die Einsatzkräfte ab.

1.5 Transport

Tabelle 9: *Rahmenbedingungen – Transport*

Rand-bedingung	Parameter	Relevanz	Info
Mengen	große Mengen	gering	gekennzeichnet
	kleine Mengen	hoch	keine Kenn-zeichnung
Verpackung	komplexe Prüfungen für gefährliche Güter	mittel	
	bei LQ Sendungen keine Prüfungen	hoch	keine Prüfungen

2 Tunnel-Grundlagen

Tunnelanlagen werden nach wirtschaftlichen, politischen und auch gesellschaftlichen Aspekten gebaut und stellen höchste Anforderungen an die rechtlichen und finanziellen Gegebenheiten. Sie fordern zudem ein großes Maß an Ingenieurkenntnis, um diesen Anforderungen gerecht zu werden. Bauträger ist meist die öffentliche Hand mit Querfinanzierungen aus den verschiedensten Bereichen (Ämtern, Gesellschaften, Staatsorganisationen etc.). Bei transeuropäischen Straßenverbindungen (vgl. Verordnung (EU) Nr. 1315/2013 (2013), Artikel 7) trägt die Europäische Union auf Basis der transeuropäischen Verkehrsnetze (TEN)-Leitlinien einen Teil zur Finanzierung bei.

Die Erfassung der Kosten für ein Tunnelbauprojekt umfasst die Basiskosten, welche ohne Wertanpassung, Gleitung, Risiken und Vorausvalorisierung dargestellt sind. Die Gleitung beinhaltet die Indexanpassungen der Kosten ab dem Vertragsbeginn. Die Kosten für die Risiken sind je nach methodischem Ansatz zu bewerten und können unvorhersehbaren Einfluss auf die Gesamtkosten des Projektes haben. Die Vorausvalorisierung berücksichtigt die Marktentwicklung von einem Bezugsdatum bis zum geplanten Projektende (vgl. Galler (2017 a), Seite 2 ff.).

Gesamtkosten = Basiskosten (B)+Gleitung (G)+Risiko (R)+Vorausvalorisierung (V)

Der Bau von Tunnelanlagen bedarf einer langen Vorbereitungszeit, bis von der Planungsidee mit der Umsetzungsphase begonnen werden kann. Die Trassenführung hat große Auswirkungen auf die Sicherheit (Flucht-, und Rettungswege, Anfahrtswege usw.). Die Projektentwicklung ist in vier Stufen gegliedert:

1. **Konzeptionelles Design**: Machbarkeit (Geotechnik, Ventilation etc.) des Tunnelprojektes beurteilen und einen Finanzierungsrahmen darstellen. Unterschiedliche Trassenführungen werden begutachtet.
2. **Vorstufen Design**: Die Priorität liegt hierbei auf der Einhaltung von gesetzlichen Grundlagen (legal Compliance), welche z. B. wasser-, forst- oder naturrechtlich sein können. Das Ziel dieser Phase ist eine positive Genehmigung seitens der Behörden zu erreichen.
3. **Tender Design**: Der Fokus liegt auf der Erarbeitung von Detaillösungen und der Angabe von exakten Kosten. Dabei werden Neuerungen der geotechnischen Analysen, Baumethoden oder auch die nationalen Standards und Richtlinien mit in der weiteren Planung berücksichtigt.

4. **Konstruktionsdesign**: Dabei werden die im »Tender Design« erstellten, detaillierten Planungen so verarbeitet, dass diese in der Bauphase umgesetzt werden können (vgl. Galler (2017 a), Seite 2 ff.).

Bereits in der sehr frühen Phase des konzeptionellen Designs wird der »Sicherheitsmanagementregelkreis« ständig durchlaufen. Sich daraus ergebene Anforderungen für einen sicheren Bau und Betrieb werden dann in der weiteren Planung berücksichtigt. Dabei fließen als Gefährdungsbilder natürliche und technische Umwelteinflüsse (Geotechnik etc.), menschliches Versagen, Kriminalität und böswillige Einwirkungen, Unfallgeschehen und Gesundheitsgefährdung in die Betrachtung mit ein. Als Ergebnisse liefert der Regelkreis verschiedenste Sicherheitsmaßnahmen, die zur Lösung eines Sicherheitsproblems in Betracht gezogen werden können. Diese können u. a. ereignisverhindernde Maßnahmen, Maßnahmen zur Selbst- und Fremdrettung sowie Schadensbekämpfungsmaßnahmen sein. Dabei muss der Ansatz für die Problemlösung nicht immer technischer oder baulicher Natur sein, auch organisatorische oder personelle Maßnahmen werden dabei berücksichtigt (vgl. Galler (2017 b), Seite 4 ff.) und umgesetzt.

Bei der Planung der Tunnelsicherheit stützt man sich auf die Bereiche
- bauliche Maßnahmen,
- technische Maßnahmen,
- organisatorische Maßnahmen.

Bauliche und technische Maßnahmen haben massiven Einfluss auf das Projekt, vor allem aus Sicht des Kosteneinsatzes und der Sicherheit. Die Belüftung (Lüftungskanäle), die Entwässerung (Abtransport und Reinigung von Abwasser), die Beleuchtung (Lichtwechsel in Tunnelketten) oder die Kabelführungen sind dabei essenziell.

Je nach Gegebenheiten, Bedarf und Sicherheitskonzept können Straßentunnel auf unterschiedliche Weise ausgefertigt werden. Jeder Tunnel besteht aus mindestens einer Tunnelröhre und zwei Portalen. Im Folgenden wird auf die drei wichtigsten Tunnelarten eingegangen. Aus diesen lassen sich etwaige Sonderformen ableiten:
- Einröhriger Tunnel mit Fluchtschacht oder Fluchtstollen
- Zweiröhriger Tunnel mit Übertritt in die andere Straßentunnelröhre
- Zweiröhriger Tunnel mit begehbaren und/oder befahrbaren Querschlägen

Einröhriger Tunnel mit Fluchtschacht oder Fluchtstollen
Für den Ereignisfall werden Fluchtschächte oder Fluchtstiegenhäuser an den Tunnel angeschlossen, welche durch die im Tunnel vorgesehenen Fluchtwege in bestimmten Abständen situiert sind (siehe Bild 14) (vgl. ifa (2014), Seite 32). Bei hohen Über-

deckungen des Gebirges gibt es die Möglichkeit, einen parallel zum Straßentunnel führenden Fluchtstollen anzulegen. Dieser ist meist in einer geringeren Abmessung als die Fahrtunnelröhre ausgefertigt und nur mit den unbedingt notwendigen Ausrüstungen (z. B. Beleuchtung und Belüftung) ausgestattet. Angebunden ist der Fluchtstollen über einen druckbelüfteten Querschlag (siehe Bild 15) (vgl. ifa (2014), Seite 32). Bei größer ausgebildeten Fluchtstollen besteht die Möglichkeit, diese mit den Einsatzfahrzeugen der Feuerwehr, unter Berücksichtigung der flüchtenden Menschen, zu befahren.

Bild 13: *Eingang zum Fluchttunnel (überdruckbelüftet)*

2 Tunnel-Grundlagen

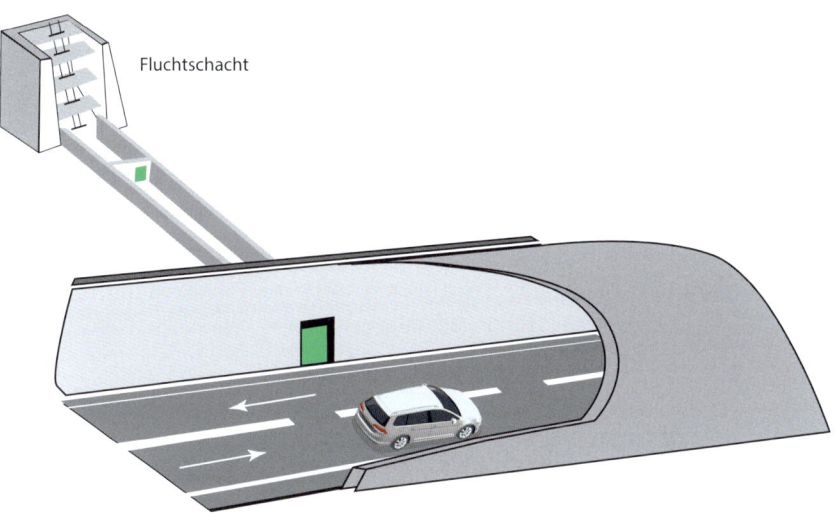

Bild 14: *Einröhriger Tunnel mit Fluchtschacht*

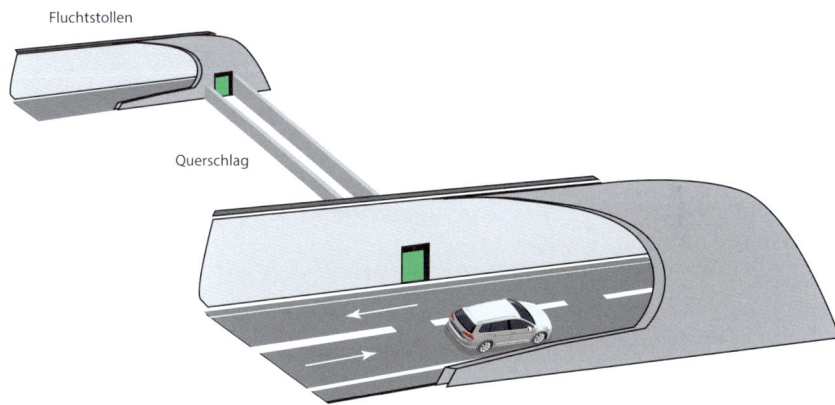

Bild 15: *Einröhriger Tunnel mit Fluchtstollen*

2 Tunnel-Grundlagen

Zweiröhriger Tunnel mit Übertritt in die andere Straßentunnelröhre

Zweiröhrige Tunnel werden in Richtungsverkehr betrieben und bieten daher eine höhere Sicherheit, da das Unfallrisiko geringer ist. Über Öffnungen, die direkt in die zweite Tunnelröhre führen, können Menschen im Ereignisfall flüchten. Einsatzkräfte können über die Öffnungen zum Einsatz gebracht werden. Die Steuerung der Lüftung kann ein Ausbreiten von etwaigen Gasen, explosionsfähigen Atmosphären bei Austritt brennbarer Flüssigkeiten (Gas-Dampf-Luft-Gemisch), Schadstoffen und Brandrauch in die vom Ereignis nicht betroffene Röhre verhindern (einseitiger, minimaler Überdruck). Der Übertritt von einer Tunnelröhre in die andere kann in der Erstphase eines Ereignisses aufgrund des Verkehrs (Fahrzeuge, die sich trotz einer Sperre noch im Tunnel befinden) und des daraus entstehenden Soges der vorbeifahrenden Fahrzeuge eine Gefahr darstellen (siehe Bild 16) (vgl. ifa (2014), Seite 36).

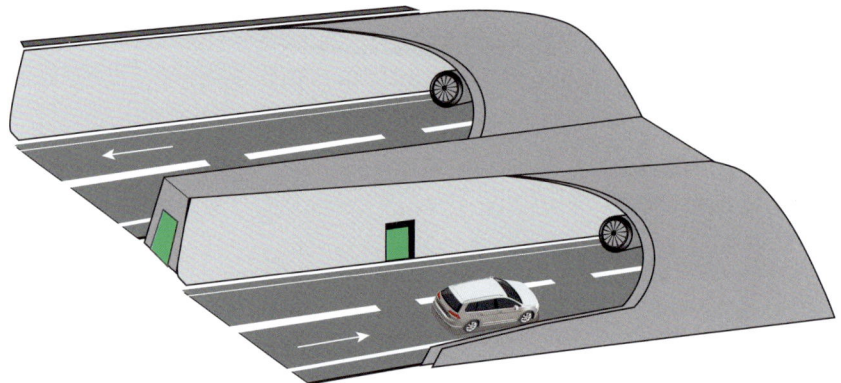

Bild 16: *Zweiröhriger Tunnel mit Übertritt*

Zweiröhriger Tunnel mit begehbaren und befahrbaren Querschlägen

Bei zweiröhrigen Tunneln mit begehbaren und befahrbaren Querschlägen werden zwei Tunnelröhren in einem geologisch erlaubten (Kräfteableitung) Abstand parallel zueinander und als Richtungsverkehrstunnel geführt. Querschläge werden zwischen den Tunneln, meist als druckbelüfteter Schutzraum, ausgeführt. Der Vorteil gegenüber den zweiröhrigen Tunnel mit Übertritt ist der dazwischenliegende Schutzraum, welcher einen Aufenthalt der Menschen ermöglicht und einen Durchgang in die andere Fahrröhre nicht notwendig macht (siehe Bild 17) (vgl. ifa (2014), Seite 36).

2.1 Phasen des Tunnelbaus

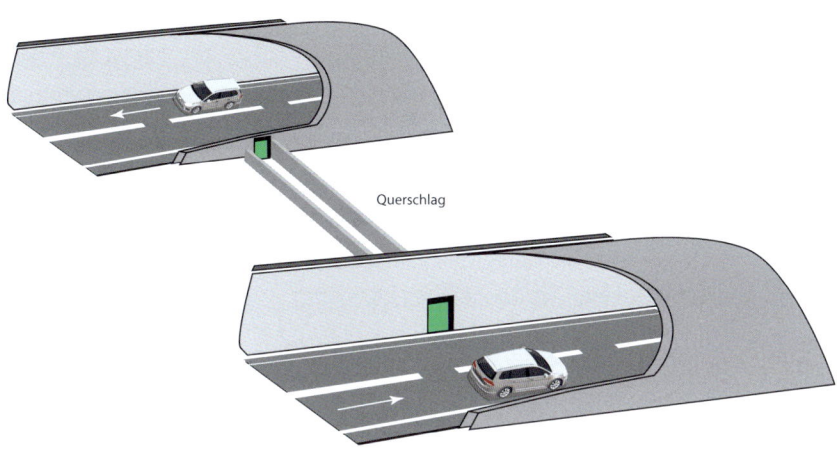

Bild 17: *Zweiröhriger Tunnel mit Querschlag*

2.1 Phasen des Tunnelbaus

2.1.1 Vortriebsphase

Nach der Planung, geotechnischen Erkundung, dem Ausschreibungs- und Zuschlagsverfahren sowie den Detailplanungen beginnt die Ausführungsphase. Diese ist eine der interessantesten, aber auch schwierigsten Phasen. Der komplexe Zusammenhang von Konstruktion, Gebirge und Bauvorhaben sowie zahlreiche Einflüsse, die in Wechselbeziehung zwischen Hohlraum und Gebirge stehen, fordern tiefgreifende Kenntnisse der Materie rund um den Tunnelbau. Eine treffende Formulierung der Bedeutung hat Professor Mail gefunden:

»*Der Tunnelbau vereinigt Theorie und Praxis zu einer eigenen Ingenieurbaukunst. Bei Wichtung der vielen Einflüsse steht je nach dem Stand der eigenen Kenntnisse einmal die Praxis, das andere Mal die Theorie im Vordergrund. Der Ingenieurtunnelbau wird heute weitgehend von Bauingenieuren betrieben, doch sollte sich jeder bewusst sein, dass Statik- Massivbaukenntnisse allein nicht ausreichen. Geologie, Geomechanik, Maschinentechnik und insbesondere Bauverfahren gehören gleichwertig dazu.*« (Girmscheid (2008), Seite 1)

2 Tunnel-Grundlagen

Um einen Tunnel zu bauen (Vortrieb), bedient man sich je nach Geologie, Länge und Wirtschaftlichkeit unterschiedlicher Vortriebsarten: konventioneller bzw. zyklischer Vortrieb und kontinuierlicher Vortrieb, Schildvortrieb oder Pressvortrieb im Untertagebau.

Zyklischer Vortrieb

Beim zyklischen Vortrieb unterscheidet man den Vollausbruch oder den Teilausbruch. Teilausbrüche werden bei großen Tunnelquerschnitten zur Sicherung der Ortsbrust und zur Minderung der Setzung eingesetzt. Dabei wird ein Kernelement belassen. Die einzelnen Arbeitsschritte des Lösens, Ladens und Stützmitteleinbaus werden sequenziell nacheinander durchgeführt. Beim Vortrieb mittels Vollausbruch wird der gesamte Tunnelquerschnitt in einem Arbeitsschritt aus dem Gebirge gelöst (vgl. Kolymbras (1998), Seite 45 ff.).

Bild 18: *Aufbringen von Spritzbeton*

2.1 Phasen des Tunnelbaus

Kontinuierlicher Vortrieb

Beim kontinuierlichen Vortrieb werden zum Lösen des Gesteins Teilschnittmaschinen oder auch Tunnelbohrmaschinen eingesetzt. Dabei spielt die Geologie des Gebirges eine große Rolle. Teilschnittmaschinen werden bei mittleren Gesteinsfestigkeiten eingesetzt. Ein Mindestdurchmesser für den Arbeitsbereich der Teilschnittmaschine muss gegeben sein, da die Maschine für den Vortrieb eine Manipulationsfläche benötigt. Tunnelbohrmaschinen arbeiten mit einem rotierenden Bohrkopf, sind mit Rollenmeißeln bestückt und können bis zu einem Tunneldurchmesser von ca. 12 m eingesetzt werden. Der Anpressdruck des Bohrkopfes wird durch seitlich ausgefahrene Abstützplatten gewährleistet. Das Ausbruchsmaterial wird über Förderbänder abtransportiert (vgl. Kolymbras (1998), Seite 45 ff.). Bei der Tunnelbohrmaschine wird die Innenschale, die sogenannten Tübbinge (vorgefertigte Betonelemente), in einem Arbeitsgang mit angebracht (siehe Bild 18) (vgl. Kolymbras, (1998), Seite 48 Abb. 7.4).

Tagebau und Untertagebau

Nicht alle Tunnelanlagen werden im Untertagebau durchgeführt. Bauwerke mit geringer Überdeckung wie z. B. Unterführungen werden im **Tagebau** – also oberflächennah ggf. mit Hilfe von Baggern – gefertigt. Eine geringe Gesamtbauzeit und geringe Kosten sind als Vorteil zu werten, wobei der Platzbedarf sehr hoch ist und diese Baumethode für die Umgebung eine erhöhte Lärmbelästigung und Staubbelastung während der Bauphase darstellt.

Wird eine Tunnelanlage im **Untertagebau** errichtet, so kann nur von den beiden Portalen gearbeitet und somit der Tunnel jeweils nur über die Ortsbrust (vorderes Endes des Tunnels an welchem der Abschlag erfolgt) vorangetrieben werden. Der Bau des Tunnels erfolgt mit einer ständigen Überdeckung. Alle Ressourcen müssen über das Portal in den Tunnel eingebracht werden. Dies sind die Arbeiter, die Technik und auch die Luftversorgung, Schuttentfernung usw. Auch das Sicherheitssystem ist wesentlich komplizierter, da im Ereignisfall eine Flucht meist (außer es ist bereits ein Fluchtstollen oder Querschläge vorhanden) nur durch eine Öffnung möglich ist. Ab einer gewissen Eindringtiefe werden hier Container mit Luftversorgung und Hitzeschutz aufgestellt, um für Arbeiter, die nicht flüchten können, eine Zufluchtsmöglichkeit bis zur Rettung zu gewähren. Sie werden auch als Rettungscontainer bezeichnet.

2 Tunnel-Grundlagen

2.1.2 Ausfertigungsphase

Nach Abschluss des Vortriebes sind die bergmännischen Bauarbeiten abgeschlossen. In der Ausfertigungsphase wird die Tunnelschale betoniert (bei Tunnelbohrmaschinen-Vortrieb (TBM) bereits vorhanden, da hier die Tübbinge in der Vortriebsphase mitmontiert werden) und der Tunnel bis zur Fahrbahn fertig gestellt.

2.1.3 Tunnelausrüstungsphase

Sind die Errichtung des Straßentunnelsystems und die Ausfertigung seitens der Baufirmen abgeschlossen, folgt die Tunnelausrüstungsphase. Dabei werden technische Geräte in den Straßentunnel eingebaut. Relevante Elemente können die Lüftung, Beleuchtung, Brandbekämpfungsanlagen sowie Funkeinrichtungen sein, welche je nach Gefährdungsklasse des Tunnels installiert werden.

Bild 19: *Schild einer Tunnelbohrmaschine*

2.2 Technische Anlagen und Sicherheitseinrichtungen

Straßentunnel sind je nach Gefährdungsklasse mit einer Vielzahl von technischen Geräten, Einbauten und Systemen ausgerüstet. Mit diesen wird die Sicherheit (durch z. B. Beleuchtung, Notrufeinrichtungen, Nothalte- und Pannenbuchten, Tunnelüberwachungssystem, Sprechverbindungen zur Tunnelüberwachung, Videoüberwachung, Brandmeldeeinrichtungen, Orientierungsbeleuchtung für den Ereignisfall usw., siehe Tabelle 10) des Verkehrs gewährleistet, Messungen durchgeführt oder im Ereignisfall die Selbstrettungs- und Fremdrettungsphase eingeleitet und unterstützt. Zusätzlich zu diesen technischen Einrichtungen sind Beschallungsanlagen und Tunnelfunksysteme installiert. Damit können einerseits Informationen an flüchtende Personen weitergegeben und andererseits für die Einsatzkräfte im Tunnel eine Kommunikationsmöglichkeit gewährleistet werden.

Tabelle 10: *Sicherheitseinrichtungen in Straßentunneln (vgl. Wehner, Matthias et. al. (2013), Seite 330)*

Bauliche Einrichtungen	Technische Einrichtungen
Seitenstreifen	Beleuchtung (z. B. Natriumhochdruckdampflampen oder LED-Lichtbänder)
Pannenbucht	Tunnellüftungssysteme
Flucht- und Rettungswege	Verkehrsbeeinflussung (Verkehrszeichen, Lichtsysteme, Infotafeln, Höhenkontrolle, Fahrstreifensignalisierung etc.)
Notwege, Abstellnischen, Feuerlöschnischen	Kommunikation und Informationsanlagen (Tafeln, Beschallungsanlagen, Tunnelfunkanlagen), Videoüberwachung und Notrufeinrichtungen (Telefonanlage, Notrufknopf)
Entwässerung	Brandmeldeanlagen (Linearbrandmeldekabel, Druckknopfmelder, Rauchmelder in Betriebsräumen, Thermoscanner an den Portalen)
Brandbekämpfung	Brandbekämpfungseinrichtungen (Feuerlöscher, Hydranten, Feuerlöschnischen, Löschanlagen etc.)

2 Tunnel-Grundlagen

Diese genannten Systeme sind jedes für sich bereits sehr komplex in der Technik, der Wartung und im Betrieb. In der Praxis ist es unabdingbar, dass sie ineinandergreifen und aufeinander abgestimmt sind. Tritt ein Ereignisfall ein, müssen von der Detektion über die Lüftung und Brandbekämpfung bis hin zu den Rückhaltesystemen für kontaminiertes Löschwasser oder gefährliche Stoffe alle Komponenten einwandfrei funktionieren. In den folgenden Punkten wird auf die für den Einsatz bei einem Austritt von gefährlichen Gütern relevanten Systeme eingegangen. Eine vereinfachte Darstellung der Einrichtungen ist in Bild 20 ersichtlich.

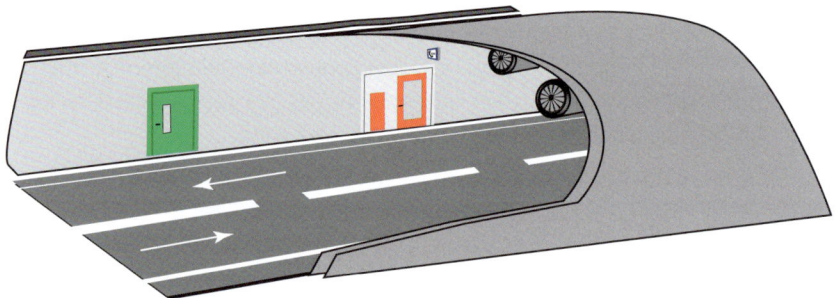

Bild 20: *Sicherheitseinrichtungen*

Detektoren, Sensoren, Überwachung

Für den Betrieb von Installationen in der Tunnelanlage (z. B. Lüftung), für die Zustandserkennung oder auch für die Detektion von Ereignissen (z. B. Brandereignisse) gibt es eine Vielzahl an Sensoren im Tunnel. Bei Tunnelanlagen im hohen nationalen Straßennetz (Autobahnen und Schnellstraßen) können über 100 000 Datenpunkte installiert sein. Direkt in Zusammenhang mit der Ereignisdetektion können die Videoanlage, Luftqualitätsüberwachung, Audioüberwachungssysteme, Notrufanlagen, Gefahrenmelder oder auch automatische Brandmeldeanlagen genannt werden (vgl. RVS 09.02.22 (2016), Seite 9 ff.).

Zur Regelung der Lüftung werden die Längsgeschwindigkeit, Trübsicht wie auch der CO-Gehalt in der Umgebungsluft gemessen und verarbeitet. Die dabei gewonnenen Daten werden gesammelt, ausgewertet und für Steuerungsaufgaben verwendet. Bei Abweichungen vom Normalbetrieb wird der Operator informiert. Notwendige Reaktionen werden automatisch (z. B. Brandprogramm im Brandfall) oder manuell mittels manueller Schaltungen durch den Operator durchgeführt.

2.2 Technische Anlagen und Sicherheitseinrichtungen

Bild 21: *Handgefahrenmelder*

Praxistipp:

Die von den einzelnen Sensoren gesammelten Daten werden meist zentral in einem Überwachungsgebäude in der Nähe der Tunnelanlage gesammelt und von dort zur Tunnelüberwachungszentrale übertragen. Eventuell ist dabei die Einsicht in die Daten (z. B. der Überwachungskameras) für die Einsatzkräfte möglich. Dies ist nicht bei allen Tunnelanlagen gleich geregelt. Im Zuge der Einsatzvorbereitung und Objektbegehung mit dem Betreiber sollten dabei die Möglichkeiten abgestimmt werden.

Überwachung der Luftverhältnisse

Um die Luftverhältnisse im Tunnel beurteilen zu können, werden die Luftgeschwindigkeit, die Trübsicht wie auch der CO-Gehalt gemessen. Dies dient im Betriebsfall zur Erhaltung der Luftgütewerte. Auftretende Anomalien (Rauchgase oder auch hohe Schadstoffkonzentrationen) können daraus abgeleitet werden und führen zu Regelungen der Belüftung (Abluftklappen, Luftgeschwindigkeiten etc.) oder im Falle eines Brandes zur Alarmierung der Tunnelüberwachungszentrale und Aktivierung des Tunnelbrandprogrammes. Für die Steuerung der Belüftung im Betrieb wie auch für die Erkennung von Ereignissen sind an den Portalen und über die gesamte Tunnellänge in Abständen von 800 bis 1 000 m verteilt CO-Messstellen installiert, welche mit elektrochemischen oder Infrarot-Sensoren arbeiten (vgl. RVS 09.02.22 (2016), Seite 9 f.).

Die Ermittlung der Sichttrübung wird über den Extinktionskoeffizienten mit Streulicht oder Transmissionsmessungen durchgeführt. Eine Rauchdetektion erfolgt in einem Mischsystem mit der Sichttrübung. Durch die sehr rasche Detektion von Rauch (in einem frühen Stadium des Brandes) kann eine zeitnahe Alarmierung der Einsatzkräfte und Unterstützung der eventuell notwendigen Selbstrettungsphase der Tunnelbenutzer durch die Tunnelüberwachungszentrale erfolgen. Die Anordnung der Sensoren und die Anzahl und Art wird für jeden Tunnel getrennt mit dem Betreiber abgestimmt. Dabei spielen bauliche Aspekte, die Verfügbarkeit, Arbeitssicherheit sowie Beschaffungs- und Lebenszykluskosten eine Rolle (vgl. JES (2018), Seite 3 ff.).

Bild 22: *Sensorelement*

Videoüberwachung

Im Tunnelfahrraum, in Querschlägen, Verbindungen ins Freie und im Vorportalbereich sind Videokameras mit einer Verbindung in die Tunnelüberwachungszentrale installiert. In Teilbereichen (z. B. Pannenbuchten) können diese vom Operator horizontal und vertikal gesteuert werden. Bei detektierten Ereignissen (z. B. Öffnen einer Tür) wird das Videosystem automatisch auf die in diesem Bereich installierte Kamera umgeschaltet (es werden alle Bereiche gleichzeitig überwacht, eine Visualisierung des Bildes in der Tunnelüberwachungszentrale (TÜZ) wird nur von ausgewählten Kameras durchgeführt) und das Videobild angezeigt. Eine automatisierte Auswertung von Videobildern (Videobildauswertungssystem) bietet die Möglichkeiten, Geisterfahrer, Langsamfahrer, Staus oder einen Fahrzeugstillstand zu detektieren. Diese können automatisch als Warnung in der Überwachungszentrale angezeigt werden (vgl. RVS 09.02.22 (2016), Seite 21 ff.). Im normalen Betriebsfall werden die Kameraaufnahmen nur eine gewisse Zeit aufgezeichnet, während eines Ereignisfalles erfolgt eine dauernde Abspeicherung der Bilder.

Notrufeinrichtungen
Notrufeinrichtungen dienen zur Kontaktaufnahme vom Tunnel zur Tunnelüberwachungszentrale. Sie sind in Abständen von 125 m bis 250 m in der Tunnelröhre untergebracht und können als Sprachübertragung (Gegensprechsystem) oder als Handgefahrenmelder ausgeführt sein. Damit wird ein gezieltes Absetzen eines Notrufes ermöglicht, da im Gegensatz zur Gefahrenmeldung mit einem Mobiltelefon bzw. nicht tunneleigenem System die Position des Meldenden automatisch ermittelt werden kann (vgl. RVS 09.02.22 (2016), Seite 24 f.). Bild 23 stellt eine vereinfachte Form der Notrufnische dar.

Bild 23: *Notrufnische*

Audioüberwachungssysteme

Ein vom steirischen Joanneum Research entwickeltes Tunnel-Monitoring erlaubt das Erkennen von Geräuschen in einem Tunnel und setzt, falls notwendig, einen Alarm ab. Die eingebauten Spezialmikrofone sind periodisch im Tunnel eingebaut und können in Kombination mit dem Videoüberwachungssystem eine sehr exakte Auswertung von anormalen Geräuschentwicklungen durchführen. Dabei können Stimmen, Fahrzeuggeräusche (Bremsung mit quietschenden Reifen) oder auch Unfälle ausgewertet werden (vgl. AKUT (o. A.)).

Branddetektion

Die hohe Schadstoffbelastung in der Umgebungsluft in Tunnelanlagen (u. a. durch Abgase) erlaubt keinen Einsatz von herkömmlichen Brandmeldesystemen (Wärmemelder), die im Hochbau eingesetzt werden. Für die Detektion einer Wärmeentwicklung werden linienförmige Wärmemeldeanlagen mit einer möglichen Sensorkabellänge von bis zu 300 m eingesetzt. Je nach Ausführung kann der Bereich der Wärmeentwicklung auf wenige Meter genau detektiert werden. Aufgrund der thermischen Entwicklung des Brandes und der Lüftung im Tunnel kann es einerseits zu einem verzögerten Auslösen eines Alarmes (ca. drei bis fünf Minuten, je nach Brandleistung), aber auch zu einem Längsverschub (Wärmehochpunkt im Detektionskabel wird durch den Luftstrom in der Tunnelachse versetzt und liegt nicht genau über der eigentlichen Brandquelle) der Auslösedetektion kommen (Kern (2018), Seite 14). Je nach Art der Kombination von Brandmeldeanlage mit Sensorkabel reagiert dies auf Temperaturänderung pro Zeiteinheit (z. B. Temperaturanstieg von 4 °C innerhalb einer Minute) oder bei Überschreitung einer maximalen Meldetemperatur (z. B. 50 °C sind erreicht). Auch Kombinationen aus diesen beiden Varianten sind möglich.

Die präventive Erkennung von Bränden an Fahrzeugen erfolgt durch Portalscanneranlagen. Diese Anlagen werden allerdings nicht flächendeckend eingesetzt. Dabei wird bereits bevor das Fahrzeug in den Tunnel einfährt ein thermografisches Abbild erstellt und eine mögliche Erhitzung erkannt. Erhitzte oder brennende Fahrzeuge werden an der Einfahrt in den Tunnel gehindert und somit vorher ausgeleitet. In Betriebsräumen sind meist Rauch- oder Wärmemelder installiert, welche auch im Hochbau verwendet werden.

2.2 Technische Anlagen und Sicherheitseinrichtungen

Bild 24: *Rauchmelder im Betriebsgebäude*

Brandbekämpfungsanlagen

Um Brände in Tunnelanlagen bekämpfen zu können, stehen für die erste und erweiterte Löschhilfe tragbare Feuerlöscher sowie kleine Schlauchanlagen – teilweise mit Schaumzumischung – in sogenannten Feuerlöschnischen zur Verfügung. Für die Feuerwehr sind Löschwasserentnahmestellen (Hydranten) installiert. Zusätzlich können aufgrund von Sicherheitskonzepten manuelle oder automatische Brandbekämpfungsanlagen vorgesehen sein. Es gibt verschiedene Typen von Brandbekämpfungsanlagen.

Je nach Sicherheitsniveau in der Tunnelanlage können **automatische Brandbekämpfungsanlagen** – wie Sprinkleranlagen, Hochdruckwassernebelanlagen oder Schaumlöschanlagen – installiert werden. Die Selbstrettung wird durch diese Löschanlagen unterstützt, da einerseits eine Kühlung der Umgebung erfolgt und daher die Temperaturen gesenkt werden und andererseits bei auftretenden Schadstoffen diese aus der Umgebungsatmosphäre teilweise »ausgewaschen« werden. Auch Vorteile für die Fremdrettung ergeben sich bei diesen Löschanlagen, da die Brandintensität möglichst geringgehalten wird. Zusätzlich zu den Vorteilen der Selbstrettung können bei Bränden Betonabplatzungen aufgrund der Temperaturverringerung reduziert und die Brandausbreitung verringert werden (Bauwerksschutz).

2 Tunnel-Grundlagen

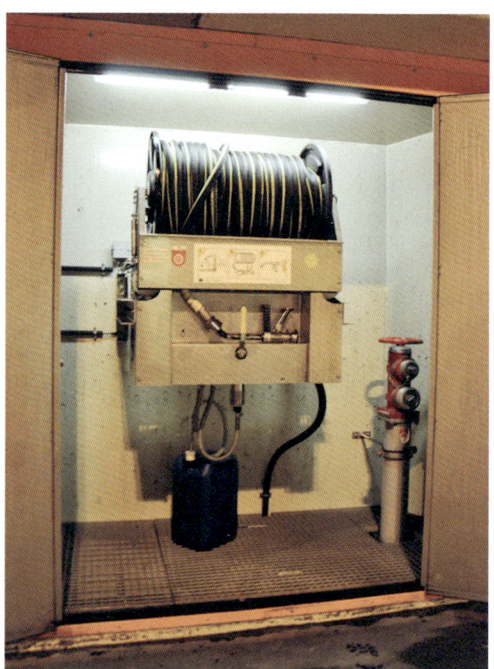

Bild 25: *Brandbekämpfungsanlage*

Bild 26: *Wassernebellöschanlage*

2.2 Technische Anlagen und Sicherheitseinrichtungen

Löschwasserentnahmestellen

Löschwasserentnahmestellen sind alle 150 m untergebracht. Situiert sind sie meist in der Nähe von Notrufnischen. Je nach Absprache mit den örtlichen Einsatzkräften der Feuerwehren können noch zusätzliche Materialien wie Schläuche, Strahlrohre, Schaummittel etc. vorgehalten werden. Grundsätzlich werden an jedem Ort des Tunnels 1200 l/min Löschwassermenge vorgehalten, die von den vorhandenen Entnahmestellen gleichzeitig über 90 Minuten gewährleistet werden bzw. entnommen werden können.

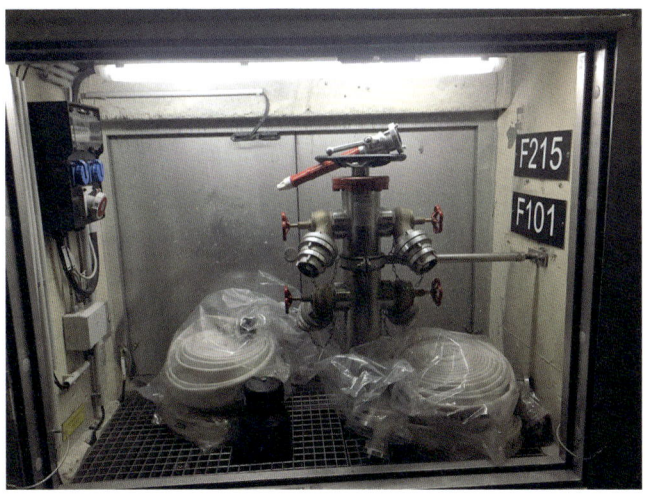

Bild 27: *Löschwasserentnahmestelle*

Praxistipp:

Da Tunnelanlagen auch in urbanem Gelände ohne direkte Wasserversorgung errichtet werden, muss dabei die Löschwasserversorgung mit Vorratsbehältern (Hochbehälter etc.) sichergestellt werden. Bei längeren Einsätzen und hoher Wasserentnahme muss zeitgerecht kontrolliert werden, ob dieser Wasserspeicher ausreichend ist. Einspeisemöglichkeiten und mögliche Zufahrten sollten im Zuge der Einsatzvorbereitung erkundet werden.

Be- und Entlüftungsmöglichkeit
Die Lüftung in Tunnelanlagen unterteilt sich in Be- und Entlüftungssysteme. Im Normalzustand wird die Lüftung im Modus »Betriebslüftung« eingesetzt. Dabei steht die Verbesserung der Luftqualität und die Reduktion der Schadstoffkonzentration im Tunnel im Vordergrund, um Ruß, Staub, Kohlenmonoxid, Stickoxid und Verbrennungsrückstände aus dem Tunnel abtransportieren zu können. Ohne die Belüftungen und somit die Abführung von Abgasen (NO_x, CO etc.) des Straßenverkehrs sowie der Aufrechterhaltung ausreichender Sichtqualität wäre der sichere Betrieb einer Straßentunnelanlage sowohl im normalen Betriebsfall als auch im Ereignisfall (z. B. bei einem Brand), bei dem die Bedrohung für flüchtende Personen aufgrund von hohen Temperaturen, heißen oder giftigen Gasen, Rauch und reduziertem Sauerstoffgehalt sehr hoch ist, nicht gewährleistet. Dabei ist die Belüftung unerlässlich, um:

- die **Versorgung** des Tunnels mit Frischluft im Normalbetrieb zu gewährleisten.
- die **Selbstrettungsphase** der Menschen im Tunnel zu unterstützen (Gewährung einer raucharmen Schicht sowie atembare Luft).
- die **Brandbekämpfung** und Ereignisbewältigung zu erleichtern (Fremdrettung).
- das Risiko von **Explosionen** (Verdünnung) zu reduzieren.
- die hohen **Umweltbelastungen** (durch Abgase) im Portalbereich bzw. im Bereich der Lüftungsaustritte zu vermindern.
- **Schäden** an Tunnelbauwerken und deren Anlagen zu verringern (vgl. Sturm et. al. (2015), Seite 36).

Die Betrachtung des Luftstromes muss zusätzlich noch um den Portalbereich erweitert gesehen werden, denn je nach ausgetretenem Stoff kann es zu weitreichenden Verteilungen und Gefährdung der Umwelt wie auch der Bevölkerung im Wirkbereich kommen. Vor allem bei Stoffen in der Gasphase mit einem höheren Molekulargewicht als die Umgebungsluft, wird eine Verteilung in Bodennähe zu erwarten sein.

Brandleistungen von 5 MW (Pkw) bis zu mehreren hundert MW (mit hohen Brandlasten beladene Lkw wie z. B. Tanklastwagen mit Benzin beladen) sind möglich. Als Dimensionierungsbrand wird meist auf einen Brand mit einer Leistung von 30 MW zurückgegriffen, welcher eine Rauchmenge von ca. 80 m^3/s entwickelt (vgl. Bettelini (2003), Seite 8). Auf diese Brand- und Rauchleistung wird die Lüftungsanlage ausgelegt.

Es gibt verschiedene Philosophien, um eine Lüftung zu konzipieren. Einerseits Systeme, die darauf angepasst werden, ein Backlayering zu verhindern (siehe Bild 28,

2.2 Technische Anlagen und Sicherheitseinrichtungen

Mitte). Dadurch ist auf der Anströmseite mit so gut wie keiner Rauchbelastung zu rechnen. Andere Systeme halten die Strömungsgeschwindigkeit niedrig, um die Rauchausbreitung so gering wie möglich zu halten und um eine raucharme Situation während der Selbstrettung in den vom Schadensort weiter entfernten Bereichen zu unterstützen (siehe Bild 28). In der Praxis wird aus den beiden Systemen ein Kompromiss gebildet (siehe Bild 28 unten) und eine Lüftungsgeschwindigkeit von ca. 1,0 bis 3,0 m/s angesetzt. Dies minimiert den Backlayering-Effekt auf der Zuluftseite und gewährleistet eine geringe Rauchausbreitung bzw. Verwirbelung der Rauchgase auf der Abluftseite des Brandes und wird von der Brandlast der Längsneigung zusätzlich beeinflusst. Dies hat den Vorteil, dass eine Unterstützung der Selbstrettung durch eine raucharme Schicht in Bodennähe auf der Abluftseite über längere Zeit gewährleistet werden kann, als wenn die Strömungsgeschwindigkeit sehr hoch ist und dadurch eine turbulente Strömung entsteht wodurch die Rauchbelastung im Fluchtbereich sehr hoch sein kann. Die Regelung der Lüftung erfolgt dabei auf Basis der im Tunnel vorhandenen Sensoren. Der Auswertezeitraum eines Messwertes ist dabei ca. 10 bis 15 Sekunden. Sensoren, welche im direkten Wirkungsbereich eines detektierten Brandes liegen, werden aufgrund der Verfälschung der Mittelwertberechnung nicht in die Auswertung der Messergebnisse mit einbezogen (vgl. Sturm (2018), Folie 4 ff.).

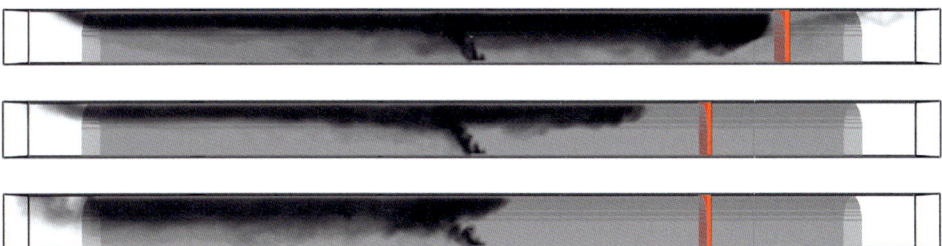

Bild 28: *Lüftungsgeschwindigkeit gering (< 1 m/s) (oben), Lüftungsgeschwindigkeit mittel (> 1 m/s, < 3 m/s) Backlayering (Mitte) und Lüftungsgeschwindigkeit hoch (> 3 m/s) (unten)*

Praxistipp:
Von den Einsatzkräften eingesetzte mobile Großventilatoren beeinflussen ebenfalls die Sensoren im Tunnel. Das Einsetzen eines solchen Gerätes sollte vorher mit dem Betriebspersonal abgesprochen werden, um nicht die Situation zu erhalten, dass die betriebseigenen Lüftungssysteme gegen den mobilen Großventilator arbeiten.

2 Tunnel-Grundlagen

Weitere wichtige Überlegungen betreffen das Lüftungssystem selbst. Man unterscheidet verschiedene Varianten von Systemen je nach Art des Lufttransportes.

- Längslüftungssysteme transportieren die Abluft in der Stromrichtung des Lüfters bis zum Portal des Tunnels (durch das gesamte Tunnelbauwerk).
- Querlüftungsanlagen erlauben eine lokale Absaugung der Abluft. Im Ereignisfall wird der Rauch nicht durch den gesamten Tunnel, sondern in eigenen Lüftungskanälen abtransportiert. Die Detektion, Steuerung und Auslösung der Absaugklappen, welche die Absaugpunkte steuern, sind dabei in einem komplexen Steuerszenario, computerunterstützt teil- oder vollautomatisiert angesteuert.

Länderspezifische Gesetze und Richtlinien, welche eine Entscheidungsgrundlage für das jeweilige Lüftungssystem (in der Planungsphase) aufgrund der Tunnellänge, Art und Menge des Verkehrs, des zu erwartenden Stauaufkommens, Schwerverkehrsanteil sowie die Neigung berücksichtigen, kommen bei der Systemauswahl zur Anwendung. Im Normalbetrieb sind Lüftungsanlagen überdimensioniert, um im Ereignisfall Leistungsreserven zur Verfügung stellen zu können. Abgesaugte Luft muss – unabhängig von ihrer Form – dem Tunnelsystem wieder zugeführt werden, da es sonst zu einem Unterdruck in gewissen Bereichen kommen kann. Dies kann mit eigenen Lüftungskanälen oder auch über die Tunnelröhre selbst gewährleistet werden (vgl. Sturm et. al. (2015), Seite 37).

Im Ereignisfall kann bei mehrröhrigen Tunnelanlagen die nicht betroffene Röhre teilweise unter Überdruck gesetzt werden, um den Eintritt von Schadstoffen in die saubere Röhre zu vermeiden und das Konzept der Selbstrettung zu unterstützen. Zu beachten ist allenfalls, dass die Öffnungsdrücke der Türen zu Querschlägen, Notausgängen usw. dadurch beeinflusst werden. Schon bei minimalen Druckdifferenzen treten, aufgrund der Türblattgröße und der meist seitlich angeschlagenen Türen, hohe Öffnungskräfte auf.

Viele Parameter haben Einfluss auf das Lüftungssystem. Durch ein Gefälle sowie durch Wetterbedingungen (Hochdruck-, Tiefdruckwetter, Portaldruck), Längsneigung (Kaminwirkung) oder auch die Verkehrsrichtung (Kolbenwirkung) kann das Lüftungssystem beeinträchtigt werden. Dies muss in der Auslegung der Systeme berücksichtigt werden.

2.2 Technische Anlagen und Sicherheitseinrichtungen

Praxistipp:
Das Verhalten des Lüftungssystems sollte im Zuge von wiederkehrenden Begehungen, Planspielen usw. bekannt sein. Informationen zu Strömungsrichtung, im Portalbereich betroffene Bereiche (z. B. in städtischen Tunnelanlagen) und die Ausbreitung von Rauch können von unschätzbarem Wert sein.

Bild 29: *Strahlventilatoren eines längsgelüfteten Straßentunnels*

Lüftungskurzschluss
Des Weiteren kann es bei zweiröhrigen Tunnelanlagen zum Lüftungskurzschluss kommen. Dabei werden bei einem zweiröhrigen Tunnel, die bei einem Ereignis aus einer Tunnelröhre im Portal austretenden Gase bzw. Ruß durch die Luftströmung in den vom Ereignis nicht betroffenen Tunnel gesaugt. Dies kann zu großen Problemen in der Einsatzabwicklung führen.

Natürliche Lüftung
Bei Tunnelanlagen mit einer Länge von ca. 500 bis 700 m je nach Topologie, natürlichen Wetterbedingungen (Hoch-, Tiefdrucklagen), der Verkehrsbelastung sowie der Steigung im Tunnel kann es vorkommen, dass keine mechanischen Lüftungsgeräte verbaut sind. Die Strömungsgeschwindigkeit und der Abtransport von Schadstoffen erfolgen durch den natürlichen Druckunterschied an den Portalen, die im Tunnel herrschende Thermik und dem aktiven Verkehrsfluss. Im Ereignisfall

2 Tunnel-Grundlagen

kann hier durch eine mechanische Lüftung keine Unterstützung der Selbstrettung erfolgen (siehe Bild 30) (vgl. Wehner et. al. (2013), Seite 331).

Bereits ab einer Steigung von 1 bis 2 % tritt zusätzlich zu obigen Einflüssen ein Kamineffekt auf, welcher im normalen Betriebszustand relevant für die Schadstoffemission und Trübung im Straßentunnel ist. Im Falle eines Brandes kann sich dies in einer noch höheren Ausbreitungsgeschwindigkeit der Rauchgase (Erhöhung der Strömungsgeschwindigkeit), bei Schadstoffeinsätzen in einer schnellere Ausbreitung von Gasen und Dämpfen niederschlagen, woraus wiederum eine Einschränkung der Selbstrettung erfolgt (vgl. Betteleni (2003), Seite 9).

Bild 30:   *Natürliche Lüftung*

Praxistipp:

Im Einsatzfall ist keine klare Luftrichtung definiert. Es ist zu erwägen, ob mit Mitteln der Einsatzkräfte eine stabile Luftrichtung hergestellt werden soll. Im Zuge der Einsatzvorbereitung lässt sich dies nur schwer regeln, da je nach vorgefundenen Bedingungen und Einsatzsituation die Strömungsrichtung unterschiedlich sein kann. Großventilatoren zu beiden Portalen zu alarmieren und diese situationsbedingt einzusetzen, ist eine Möglichkeit, um die Problematik zu entschärfen.

Längslüftung

Abzutransportierende Luft wird mittels Strahlventilatoren über die Portale geleitet. Typische Luftstromgeschwindigkeiten liegen im Bereich von 2,2 bis 3,5 m/s. Bei Wärmefreisetzungsraten von 30 MW erhöht sich die Strömungsgeschwindigkeit der

2.2 Technische Anlagen und Sicherheitseinrichtungen

Abluft auf das Zwei- bis Dreifache. Das ist auf die Thermik des Brandes zurückzuführen und kann wiederum zu hohen Rauchausbreitungsgeschwindigkeiten führen. Solche Lüftungsphilosophien sollten grundsätzlich nur in Tunneln mit Richtungsverkehr in Erwägung gezogen werden. Geringere Lüftungsgeschwindigkeiten lassen ein Backlayering zu.

Geringere Lüftungsgeschwindigkeiten (nahe 0 m/s) führen zu außenwindbedingten, unvorhersehbaren Strömungen. Eine Einsatzplanung wird dadurch sehr erschwert. Bild 31 zeigt den Aufbau und den Luftstrom der Längslüftung. Die Schadstoffkonzentration im Betriebsfall (ohne Brand) nimmt über die Tunnellänge aufgrund der fehlenden Ableitung linear zu.

Bild 31: *Längslüftung*

Bei Tunnelanlagen mit Richtungsverkehr ist des Weiteren eine Rauchfreiheit der zweiten Tunnelröhre zu gewährleisten. Durch richtiges Kombinieren der Lüfter im Brandprogramm kann dabei mit Unterdruck von der Brandstelle abgesaugt werden, wodurch die Verwirbelungen im Bereich der Brandstelle verringert werden. Dabei sind die Druckverhältnisse zwischen den Tunnelröhren zu berücksichtigen. Dies wird durch das sequentielle Schalten von Lüftern erreicht (vgl. Sturm et. al. (2017), Seite 38). Längslüftungssysteme werden durch Einbau von Strahlventilatoren realisiert, welche an der Tunneldecke wie auch an den seitlichen Wänden situiert sein können. Sie sind meist für 60 Minuten Laufzeit bei einer Umgebungstemperatur von 400 °C ausgeführt.

2 Tunnel-Grundlagen

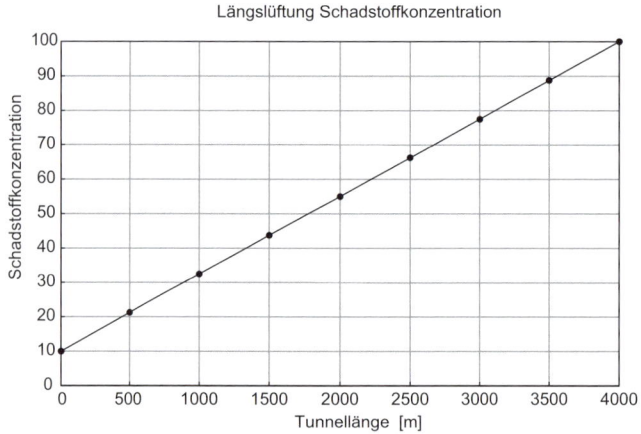

Bild 32:   *Schadstoffkonzentration im Normalbetrieb*

Mechanische Längslüftung mit Punktabsaugung

Eine Sonderform stellt die Längslüftung mit Punktabsaugung dar (siehe Bild 33). Über einen oder mehrere Punkte im Tunnel werden die Schadstoffe, Ruß etc. abgesaugt. Dabei können die Luftgeschwindigkeiten sehr unterschiedlich sein. Vorteil dieses Systems ist es, einen Teil des Tunnels raucharm zu halten und nicht durch die Portale zu entlüften (vgl. Wehner et. al. (2013), Seite 332).

Diese Lüftungsform wird mit Aixialventilatoren realisiert. Gesteuert wird der Absaugbereich über Abluftklappen, welche im oberen Drittel des Tunnels oder in der Tunneldecke installiert sind. Die Ventilatoren sind für eine Zeit von 60 Minuten

Bild 33:   *Längslüftung mit Punktabsaugung*

2.2 Technische Anlagen und Sicherheitseinrichtungen

bei einer Umgebungstemperatur von 400 °C und die Klappen für 120 Minuten bei 400 °C Umgebungstemperatur ausgeführt.

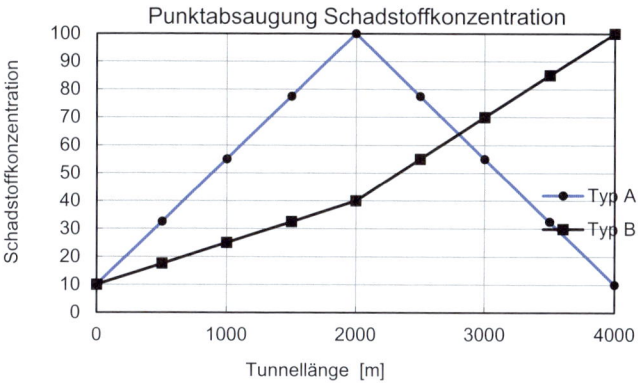

Bild 34: *Schadstoffkonzentration im Betriebsfall ohne Brand*

Bild 34 stellt die Schadstoffkonzentration im Tunnel im Normalbetrieb, somit ohne Schadensszenario, dar. Deutlich erkennbar ist, dass im Bereich der Absaugpunkte der Schadstoffanteil steigt, da dabei der gesamte Schadstoffanteil, auch von den weiter entfernten Bereichen abgesaugt wird und somit diesen Bereich passieren muss. In weiter entfernten Abschnitten nimmt die Schadstoffkonzentration ab.

Querlüftung

Querlüftungssysteme bieten die Möglichkeit, die Abluft (Rauch etc.) in der Nähe der Brandstelle aus dem Tunnel in eigenen Schächten abzuleiten. Rauchabzugsraten von 120 m³/s auf einer Abschnittslänge von 150 m und einem Vielfachen des Tunnelquerschnittes sind als typische Werte anzusehen. Nach der Detektion werden die Lüftungsklappen im Bereich des Brandes geöffnet (siehe Bild 35). Weitere nicht vom Rauch betroffene Klappen werden geschlossen (vgl. Sturm et. al. (2017), Seite 39). Der technische Aufwand solcher Lüftungssysteme ist beträchtlich. Zusätzliche Ventilatoren, Klappen und Steuerungen müssen eingebaut, geprüft und gewartet werden.

2 Tunnel-Grundlagen

Bild 35: *Querlüftung*

Halbquerlüftung

Bei Halbquerlüftungen (siehe Bild 36) wird die Zuluft über eigene Schächte parallel zur Fahrbahn oder direkt über die Fahrröhre selbst geleitet. Diese werden durch Öffnungen in den Fahrraum eingebracht. Über einen zweiten Kanal wird die Abluft in den Freibereich geleitet (vgl. Bergmeister (2013), Seite 82). Rauch, Schadstoffe und die entstehenden Heißgase eines Brandes werden in der Nähe der Brandstelle abgesaugt. Die Luftzuführung (Zuluft) erfolgt durch die Tunnelröhre von den jeweiligen Portalen.

Halbquerlüftung

Bild 36: *Halbquerlüftung*

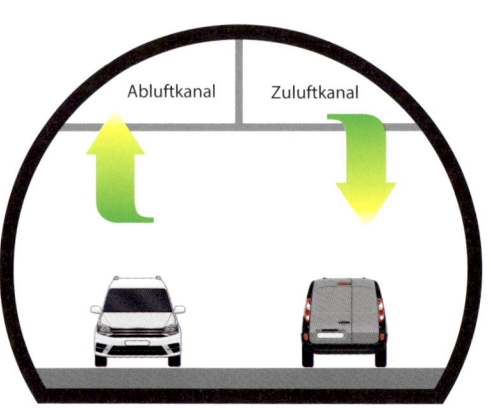

2.2 Technische Anlagen und Sicherheitseinrichtungen

Vollquerlüftung

Bei der Vollquerlüftung (siehe Bild 38) wird durch über die Tunnellänge verteilte Öffnungen und Lüftungskanäle Luft in den Tunnel eingeblasen und Brandrauch im Ereignisfall bzw. Schadstoffe im Normalbetrieb über Öffnungen aus dem Verkehrsraum abgesaugt. Die Luftbewegung ist dabei in den Lüftungsabschnitten quer zur Tunnellängsachse gerichtet. Durch diesen Lüftungstyp ist eine annähernd konstante »niedrige« Schadstoffkonzentration im Normalbetrieb (siehe Bild 37) über die gesamte Tunnellänge gewährleistet (Schadstoffe werden in der Nähe der Austrittsstelle über die Öffnungen in einen eigenen Kanal abgesaugt).

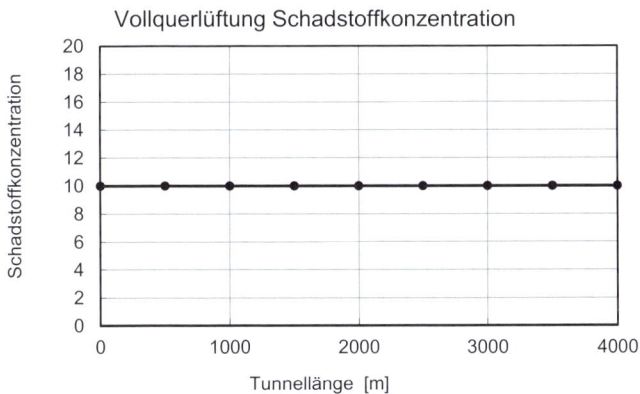

Bild 37: *Schadstoffkonzentration Vollquerlüftung*

Bild 38: *Vollquerlüftung*

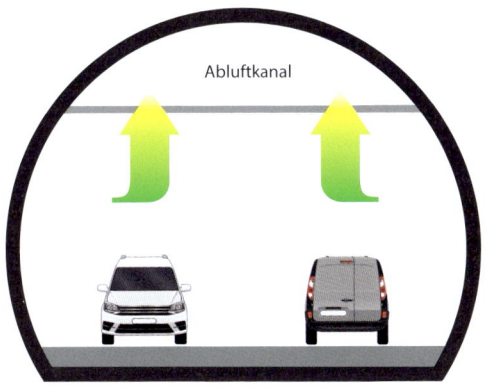

Auslösung und Sensoren

Die Zeit zwischen der Detektion eines Ereignisses und der Auslösung von Ereignisprogrammen der Lüftung beeinflusst maßgeblich die Rauchabsaugung und somit die vorhandene Zeit, die für die Selbstrettung zur Verfügung steht. Zahlreiche Sensoren in den verschiedensten Ausführungen (Schadstoffe, Kameras etc.) sind verfügbar, um Störfälle im Tunnel zu detektieren. Dabei muss ein Kompromiss zwischen der Art der Detektion und dem Ansprechverhalten des Systems gewählt werden. Beispielhaft kann eine Wärmeleitkabeldetektion, für dessen Auslösung eine relativ große Wärmequelle notwendig ist, genannt werden. Ein Schwelbrand wird nicht oder nur bedingt und vor allem mit Verzögerungszeit erkannt. Eine andere Möglichkeit sind Gassensoren, die sehr fehleranfällig und wartungsintensiv sind, aber auch geringe Rauchentwicklungen erfassen. In der Praxis muss hier ein Kompromiss zwischen Kosten und Nutzen gefunden werden, der wiederum auf den örtlichen Gegebenheiten basiert und nicht verallgemeinert werden kann (vgl. RVS 09.02.22 (2016), Seite 17 f.).

Steuerung der Lüftung

Im Normalbetrieb wird die Lüftung mit den Parametern der Strömungsgeschwindigkeit (Differenzdruck oder Ultraschalllaufzeitdifferenzmessung), der Trübsicht wie auch des CO-Gehaltes gesteuert. Für den Brandfall sind in den Programmierungen der Lüftungssysteme bereits ausgearbeitete Brandprogramme vorhanden. Diese werden entweder automatisch über eine Detektion (Wärmeleitkabel etc.) oder über den Operator in der Tunnelüberwachungszentrale ausgelöst. Bei der Freisetzung von giftigen oder brennbaren Stoffen (Gasen, Dämpfen, Flüssigkeiten etc.) erfolgt nach den meisten Lüftungskonzepten eine Abschaltung dieser. Eine Verhinderung der Ausbreitung in Richtung eines Portals soll einen unkontrollierten Austritt in die Umgebung verhindern und dadurch den Bereich rund um die Portale schützen. Zu diesem Themenfeld sollten vorher erstellte Gefahrenabwehrpläne wichtige Fragen klären (vgl. BAK (2015), Seite 18 ff.):

- Über welche Röhre (Belüftungsrichtung) soll der Schadstoff abgeführt werden?
- Wo besteht das geringste Risiko für Tunnelnutzer und Umfeld?
- Wer ist von einer Schadstoffwolke betroffen?
- Wie und wohin sollen Anrainer evakuiert werden?

2.3 Bauliche Anlagen

Entwässerung

Die Fahrbahnentwässerung erfolgt durch die Längs- und Querneigung der Tunnelanlage (siehe Kapitel 8.2.8 Flüssigkeitsabfluss – Entwässerung). Aufgenommen wird die Flüssigkeit von Einlaufschächten (punktförmige Flüssigkeitsaufnahme) oder durch ein Schlitzrinnensystem. Die Ausbildung der Fahrbahnoberfläche in Verbindung mit Kuppen, Wannen sowie Quergefällewechseln können großflächige Lachen auftreten lassen. Dabei ist die Entwässerungsanlage eines Tunnels darauf konzipiert, dass auf einer Länge von 200 m ca. 100 Liter Flüssigkeit pro Sekunde abgeführt und in einen Auffangbereich geleitet werden können.

Bild 39: *Abflusstest in einem Tunnel (Quelle: Berufsfeuerwehr Linz (2018): Übung Römerbergtunnel)*

Pannenbucht

In Straßentunneln sind in regelmäßigen Abständen Pannenbuchten verbaut. Durch eine automatische Überwachung wird der Tunneloperator von der Benutzung einer solchen Bucht informiert. Es erfolgt eine Geschwindigkeitsanpassung und etwaige

Störtrupps oder auch Einsatzkräfte werden alarmiert. In der Pannenbucht oder Abstellnische sind erweiterte Löschhilfegeräte sowie Telefon und Kommunikationsmittel zur Kontaktaufnahme mit der Überwachungszentrale installiert (vgl. RVS 09.01.24 (2014), Seite 4).

Flucht- und Rettungswege

Um den Tunnelnutzern im Ereignisfall die Flucht und somit die Selbstrettung zu ermöglichen, sind im Normalfall alle 1 000 m mit Einsatzfahrzeugen befahrbare Querschläge (siehe Bild 40) und mindestens alle 500 m begehbare Querschläge vorhanden, die entweder in die – falls vorhanden – zweite Tunnelröhre führen, direkt ins freie Gelände oder in einen parallel verlaufenden Fluchtstollen. Des Weiteren nehmen die Querschläge technische Infrastruktur wie Energieversorgung, Kommunikationseinrichtung, Beleuchtung etc. auf. Eine Überdruckbelüftung der Querschläge sorgt dafür, dass keine Schadstoffe von den Tunnelröhren in die Querschläge eindringen und diese somit als sicherer Bereich angesehen werden können.

Bild 40: *Querschlag – befahrbar*

2.3 Bauliche Anlagen

Viele Türen sind seitlich mit Scharnieren angeschlagen. Druckunterschiede zwischen den Tunnelröhren -— bzw. zwischen Tunnelröhre und Querschlag – wirken sich dabei direkt auf die Öffnungskraft der Tür aus. Bei zu hohen Druckunterschieden lässt sich diese mit Muskelkraft nicht mehr öffnen, wodurch mechanische Öffnungsmechanismen eingebaut werden. Eine Alternative zu den Scharniertüren bieten Schiebetüren, die aber aufgrund des hohen Wartungsaufwandes und der hohen Kosten nur sehr selten zur Verwendung kommen.

3 Rettungskonzept

Gesamtrettungskonzepte in Tunnelanlagen sind stufenweise aufgebaut. Ausgehend von ereignisverhindernden und ereignismindernden Maßnahmen hin bis zu Fremdrettungsmaßnahmen, wenn die Situation nicht mehr beherrschbar ist – Selbst- und Fremdrettungsphasen. Diese letztgenannten Phasen kommen dabei dann zum Tragen, wenn eine Situation bereits eingetreten ist und diese mit den »tunneleigenen Maßnahmen« nicht mehr beherrschbar ist – somit eine Evakuierung bzw. Rettung der Personen und eine Intervention der Blaulichtorganisationen notwendig ist.

Selbstrettung
Aufgrund der Straßentunnelstrukturen, der langen Hilfsfristen und der Umschlossenheit des Bauwerkes gilt für Straßentunnelanlagen das Selbstrettungskonzept. Dabei wird davon ausgegangen, dass sich Personen grundsätzlich selbst retten bzw. in Sicherheit bringen müssen, wenn ein Schadensfall eintritt. In Paniksituationen ist das menschliche Verhalten nicht mehr rational beschreibbar, wodurch es zu unkoordiniertem Verhalten der beteiligten Personen kommen kann. Umso wichtiger ist es, in der Konstruktionsphase der Anlagen bereits auf das vorhandene Gefahrenpotenzial Rücksicht zu nehmen und geeignete Unterstützungsmaßnahmen der flüchtenden Personen, wie auch geeignete Flucht- und Rettungswege einzuplanen. Um diese Selbstrettung zu unterstützen, sind im Tunnel Querschläge und Fluchtwege zumindest alle 500 m vorgesehen. Durch Ableitung von Hitze und Rauch mit Hilfe von computergesteuerten Lüftungssystemen wird über lange Zeit eine rauchgasarme Schicht (Sichtweite, Toxizität) für die flüchtenden Personen gewährleistet. Durchsagen im Tunnel, Beleuchtungssteuerung und Fluchtwegkennzeichnungen unterstützen die Selbstrettung so weit wie möglich. Ein Bauteilversagen (Abplatzen von Beton, Zerstörung von Lüftungskanälen usw.) soll während dieser Phase so weit wie möglich ausgeschlossen werden.

Die Selbstrettungsphase ist dabei von der Gefahrenerkennungszeit und der Reaktionszeit abhängig. Soll auf die Gefahr reagiert werden (z. B. Abdichten eines Loches, bei dem Flüssigkeit ausläuft, Bekämpfen eines beginnenden Brandes) oder sofort die Flucht angetreten werden? Die Zeit für die Selbstrettung kann nicht genau angegeben werden, da diese von vielen Faktoren wie Sichtverhältnissen, eigenen Verletzungen, Rettung weiterer Personen, eingeschränkter Mobilität etc. abhängig ist.

$$t_{Flucht} = t_{Erkennung} + t_{Reaktion}$$

3 Rettungskonzept

Bild 41: *Vertikaler Fluchtschacht*

Fremdrettung

Die Fremdrettung wird durch die Intervention der Einsatzkräfte durchgeführt und ist neben der Selbstrettung und den baulichen Gegebenheiten und technischen Sicherheitseinrichtungen ein weiterer Teil des gesamten Schutzniveaus. Die Einsatzkräfte werden dabei vom Tunnelbetreiber und von im Vorhinein erstellten Alarm- und Einsatzplänen unterstützt. Um Einsatzkräfte in einer Tunnelanlage einsetzen zu können, sind wiederkehrende Begehungen, Übungen und Besprechungen unerlässlich, damit alle Einsatzkräfte die Gegebenheiten in der Tunnelanlage kennen. Die zurückzulegenden Wege und die maximale Einsatzdauer (Luftvorrat), die Verbreitung von atemschädlichen Stoffen sowie die Einsatzart (Brand, Schadstoff etc.) begrenzen dabei die Einsatztätigkeit und müssen daher individuell geplant werden. Bei Einsätzen in Tunnelanlagen ist die Feuerwehr meist mit einer undefinierten Anzahl an zu rettenden Personen in einer den Nutzern nicht bekannten Umgebung konfrontiert.

3 Rettungskonzept

Bild 42: *Einsatzkräfte nach einem Rettungseinsatz bei einer Übung (Quelle: Berufsfeuerwehr Linz (2018), Einsatzübung Tunnel Bindermichl)*

3.1 Brand, Brandlast, Brandverlauf, Brandschutz

Baulicher Brandschutz

Der bauliche Brandschutz in Tunnelbauwerken soll bei einer hohen Temperatureinwirkung wie z. B. bei Beaufschlagung durch ein Brandereignis:

- die Standfestigkeit (Tragfähigkeit) über einen möglichst langen Zeitraum gewährleisten
- und dadurch einerseits die Selbstrettungsphase der im Tunnel befindlichen Menschen ermöglichen als auch im weiteren Schritt
- den Einsatz der Feuerwehreinsatzkräfte erlauben
- ohne diese durch massive Abplatzungen etc. zu gefährden, somit Löschmaßnahmen unterstützen.

Um solche Anforderungen zu planen, wird zur Bemessung der jeweiligen Bauteile nach einer Brandverlaufskurve vorgegangen. Je nach Anforderung wird dabei die Hydrocarbon-Brandkurve oder die erhöhte Hydrocarbonkurve im Tunnelbau eingesetzt, wobei Temperaturen von 1 300 °C und mehr angenommen werden. Im traditionellen Hochbau werden sowohl die Einheitstemperaturkurve (ETK) als auch die Außenbrandkurve zur Anwendung gebracht (siehe Bild 43).

3.1 Brand, Brandlast, Brandverlauf, Brandschutz

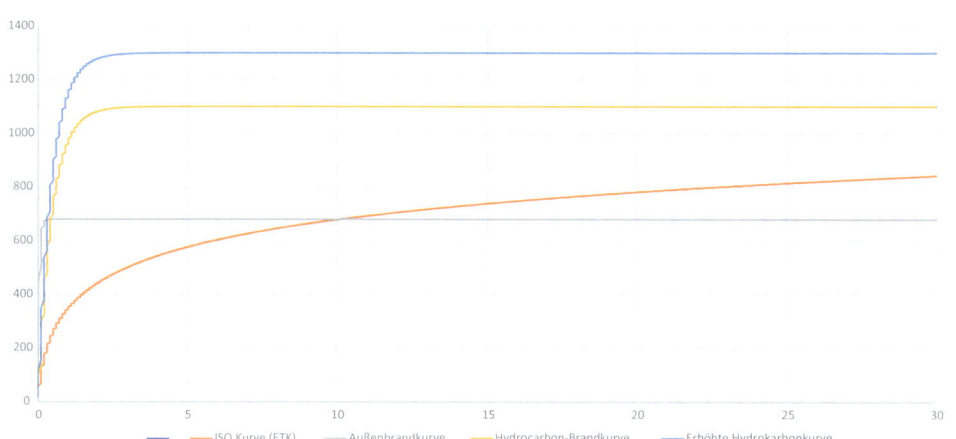

Bild 43: *Brandverlaufskurven*

Brandlasten im Tunnel

Bei Brandlasten in Straßentunnelanlagen spricht man einerseits von den im Tunnel immobil vorhandenen Anlagen oder Brandlasten wie z. B. die Beleuchtung, Kabel, Notrufnischen etc. Gemeint sind somit Brandlasten, die fix verbaut sind. Zusätzlich können mobile Brandlasten wie Pkw, Lkw usw. eingebracht werden.

Die immobilen Brandlasten können als sehr gering angesehen werden und werden durch Wartungen und Revisionen ständig kontrolliert und auf dem aktuellen Technikstand gehalten. In den letzten Jahren ist kein größerer Brand dokumentiert, der nicht von in den Tunnel eingefahrenen Fahrzeugen ausgelöst wurde. Kabelbrände usw. wurden durch die vorhandenen Systeme (Rauchwarnmelder, Kameras, Sensoren etc.) sehr früh entdeckt und konnten durch einen sehr überschaubaren Brandverlauf in sehr kurzer Zeit effektiv bekämpft werden.

Für mobile Brandlasten gibt es seit 1996 die Richtlinie 96/53/EG des Rates der Europäischen Union in welcher die »höchstzulässigen Abmessungen für bestimmte Straßenfahrzeuge im innerstaatlichen und grenzüberschreitenden Verkehr in der Gemeinschaft sowie zur Festlegung der höchstzulässigen Gewichte im grenzüberschreitenden Verkehr« geregelt sind. Dabei sind Fahrzeuge mit einer größten Länge von 18,75 m (Lastzug), maximalen Höhe bis 4 m und höchstzulässigem Gesamtgewicht bis 40 t erlaubt. Je nach Beladung eines solchen Fahrzeuges sind dadurch einerseits immense Einzelbrandlasten pro Fahrzeug möglich, zudem kann es beim Vorhandensein mehrerer solcher Fahrzeuge im Tunnel zu Verkettungen und zu einem Weitergreifen des Brandes (Brandüberschlag) auf die nächsten Fahrzeuge

3 Rettungskonzept

kommen. Somit sind diese Brandlasten, die in die Tunnelanlage eingebracht werden, nicht spezifizierbar und immer als groß anzusehen.

Organisatorischer Brandschutz

Das Schutzziel des organisatorischen Brandschutzes ist es, die Selbstrettung zu unterstützen und, wenn diese abgeschlossen ist, das Schadensereignis zu bekämpfen und weiters die Interventionsmaßnahmen der Einsatzkräfte zu gewährleisten und zu unterstützen. Dazu sind verschiedene betriebstechnische Anlagen erforderlich wie z. B. das Vorhandensein von Löschwasserentnahmestellen oder die Entfernung von Abwärme und Rauch über ein Rauchabsaug- bzw. Lüftungssystem. Regelmäßige Begehungen, Reinigung der Abflusskanäle (Schlitzrinnensysteme etc.), Entfernung von Abfällen sowie Schulungen der eigenen Mitarbeiter sind ebenfalls notwendig. Das heißt, um obige Punkte auch zu gewährleisten sind:

- ständige Aus- und Weiterbildungen der eigenen Mitarbeiter,
- wiederkehrende Wartungen der sicherheitsrelevanten Einrichtungen,
- Eigenkontrollen der Brandschutztechnik und
- wiederkehrende Begehungen mit Einsatzkräften

durchzuführen.

Praxistipp:

Die Ortskenntnis von den Tunnelsystemen, von den Zugängen, Lüfterbauwerken, Betriebszentralen, zusammengefasst aller für die Feuerwehr relevanten Objekte und der darin verbauten technischen Anlagen ist wichtig, um im Schadensfall schnell und effizient agieren zu können. Nicht nur im fertiggestellten Tunnelbauwerk, auch bei im Bau befindlichen Anlagen ist die oftmalige Begehung aufgrund des sich ändernden Baufortschrittes für einen etwaigen Einsatzfall essenziell. Des Weiteren können dabei mit dem Errichter sich aus dem Baufortschritt ergebende Änderungen im Ablaufplan fortwährend abgestimmt und mit den Einsatzkräften akkordiert werden.

4 Stoffe und ihre Eigenschaften

4.1 Allgemeines

Die Fähigkeiten von Bauteilen, Stoffen und Produkten werden durch die Eigenschaften des Werkstoffes bzw. der Werkstoffe bestimmt, aus denen diese produziert wurden. Viele Elemente erhalten ihre Eigenschaften zwischenzeitlich nicht mehr von der chemischen Zusammensetzung, sondern von der Anordnung spezifischer Bauteile (z. B. Stahlbeton – Verbindung von Beton mit Stahl, welche die Eigenschaften Festigkeit (durch Beton) und Zähigkeit (durch die Stahleinlagen) in Kombination ermöglicht). Dadurch ergibt sich eine Vielzahl an möglichen Systemen mit den unterschiedlichsten Eigenschaften und Möglichkeiten. Für jede Anwendung kann genau die passende Konfiguration gewählt werden. Je nach Verwendungszweck und Zielanwendung werden die Stoffe zu Bauteilen, Baustoffen, Maschinen etc. zusammengefügt (Gottenstein (2014), Seite 1).

Für den Einsatz der Rettungseinheiten sind einige dieser Eigenschaften von hoher Bedeutung und beeinflussen die anzuwendende Vorgangsweise (Einsatztaktik) von Grund auf. Als Beispiel sei hier die Dichte eines Stoffes genannt, welche u. a. bei Gasen schwerer oder leichter als die umgebende Luft sein kann oder ob der Stoff brennbar/nicht brennbar ist bzw. in welchem Bereich die Zündgrenzen und somit der explosionsfähige Bereich eines Luft-Gas-Gemisches liegen.

4.2 Physikalische Eigenschaften

Physikalische Eigenschaften von Stoffen können durch Messungen und durch Vergleich zu anderen Stoffen angegeben werden. Dazu zählen u. a. Farbe, Dichte, Wärmeleitfähigkeit, elektrische Leitfähigkeit, magnetische Permeabilität, Aggregatzustand, Schmelzpunkt, Siedepunkt, Flammpunkt, Löslichkeit, Viskosität, Verdampfungsenthalpie, Oberflächenspannung, kritische Temperatur, kritischer Druck, kritische Dichte, Verformbarkeit, Dehnbarkeit, Oberflächenglanz sowie die Härte (vgl. Wikipedia (o. A.)).

Grundkenntnisse über die Wirkungsweise dieser Eigenschaften bei Veränderungen bzw. die Relevanz für den Einsatz in einer Straßentunnelanlage können dabei maßgebend zum Einsatzerfolg, vor allem beim Gefahrguteinsatz, beitragen. In den folgenden Absätzen wird auf die für die Einsatztaktik relevanten physikalischen Stoffeigenschaften eingegangen.

4 Stoffe und ihre Eigenschaften

Dichte

Die Dichte beschreibt das Verhältnis von Masse eines Mediums zu seinem Volumen. Bei festen und flüssigen Stoffen ist die Maßeinheit kg/m^3, bei Gasen wird die Maßeinheit g/m^3 verwendet. Die Dichte ist von der Temperatur, bei Gasen noch zusätzlich vom Druck, abhängig (vgl. Oesterle (1995), Seite 97).

> **Praxistipp:**
> Die Dichte von Gasen wie auch von flüssigen Stoffen ist für Einsatzkräfte von großer Bedeutung. Daraus wird hauptsächlich auf das Gewicht im Verhältnis zum Umgebungsmedium (in den meisten Situationen Luft) geschlossen und somit eine Aussage darüber getroffen, ob sich der Stoff am Boden in Lachen (flüssig oder gasförmig) sammelt oder leichter ist als Luft und sich, im Freibereich, in der Luft verteilt oder im Tunnel an der Tunneldecke konzentriert. Sind Flüssigkeiten leichter als Wasser, so schwimmen diese auf dem Wasser auf, sind sie schwerer, sinken sie zu Boden, was wiederum in den Ablauf und Abscheidersystemen von entscheidender Bedeutung ist.

Elektrische Leitfähigkeit

Je nach Stoffgemisch können Materialien und Flüssigkeiten den elektrischen Strom mehr oder weniger gut leiten. Dabei spricht man von der elektrischen Leitfähigkeit. Diese wird in [S/m] (Siemens/Meter) angegeben. Ist elektrischer Strom zu übertragen, so ist ein sehr hoher Leitwert wünschenswert (z. B. für Kupfer: 58×10^6 S/m), um die Verluste, die bei der Übertragung entstehen, gering zu halten. Um eine vollständige elektrische Isolation zu erreichen, ist die elektrische Leitfähigkeit mit 0 S/m notwendig, der elektrische Widerstand ist somit unendlich. Flüssigkeiten können je nach Zusammensetzung auch eine elektrische Leitfähigkeit besitzen, wobei diese durch Beimengung von Drittstoffen (z. B. Salzen, Schaummittel) beeinflusst werden kann. Des Weiteren ist die elektrische Leitfähigkeit auch temperaturabhängig (vgl. Mortimer (2010), Seite 140 ff.).

> **Achtung:**
> Bei Vorhandensein von defekten elektrischen Installationen (z. B. Kabel abgerissen oder beschädigt) kann es zu einem Spannungstrichter kommen. Befinden sich die Einsatzkräfte in diesem Spannungstrichter, kann dies zu gesundheitlichen Schäden (Stromschlägen) führen. Bei Bränden von elektrischen Anlagen können durch Verwendung von nicht geeigneten Löschmitteln (welche elektrisch leitend sind) Spannungspfade erzeugt werden, die wiederum die Einsatzkräfte gefährden können.

4.2 Physikalische Eigenschaften

Aggregatzustand

Zustandsdiagramme (siehe Bild 44) von Stoffen zeigen den Zusammenhang des Aggregatzustandes eines Stoffes bei einer festgelegten Temperatur und einem festgelegten Druck auf. Durch Änderung der Randparameter (Druck und Temperatur) können die Aggregatzustände von Stoffen (fest, flüssig oder auch gasförmig) ineinander übergehen. Die Übergänge der einzelnen Phasen dem sogenannten Phasenübergang zeigt Bild 44 (vgl. Mortimer et. al. (2019), Seite 174).

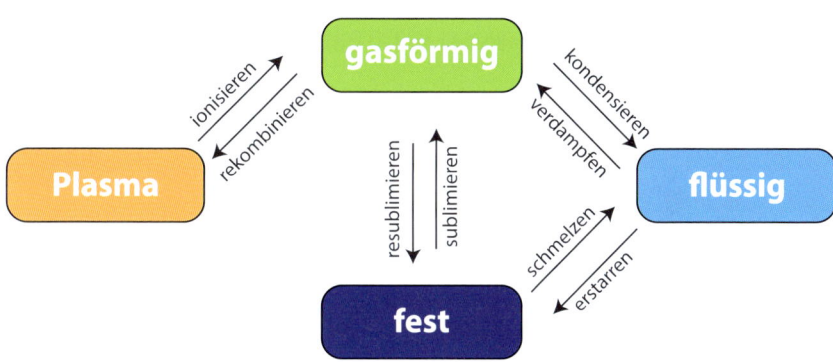

Bild 44: *Aggregatzustand – Phasenübergang*

Schmelzen und erstarren

Durch Erhöhen der Temperatur bewegen sich die Stoffteilchen mit immer größerer Amplitude, wodurch der Abstand zueinander größer wird. Ab einer gewissen Temperatur (der Schmelztemperatur) wird dieser Abstand so groß, dass die Gitterstruktur nicht mehr aufrechterhalten werden kann und in Folge zerstört wird. Die Teilchen bewegen sich frei, die Phase ist flüssig (Chemie.de (o. A.)). Bei Verringerung der Temperatur nimmt die Bewegung der Teilchen ab, wodurch sich auch der Abstand zueinander verringert. Bei der Erstarrungstemperatur ist der Abstand zueinander so gering, dass sie eine feste Position im dreidimensionalen Raum durch die wechselwirkenden Kräfte erreichen und eine feste Phase wird erreicht.

Beispiele: Eis (fest) + Wärmezufuhr → Wasser (flüssig)
(Temperaturerhöhung)
Wasser (flüssig) + Temperatur- → Eis (fest)
verringerung

4 Stoffe und ihre Eigenschaften

Verdampfen und sublimieren

Durch gegenseitige Berührung der Teilchen (anstoßen) ändern sich die Geschwindigkeiten der Stoffteilchen. An den Grenzbereichen von Flüssigkeiten und Feststoffen zu einer Gasphase kommt es vor, dass ein Teilchen einen Impuls mit einer so hohen Energie bekommt, dass der Wirkungsbereich der Kohäsionskräfte überwunden wird und somit das Teilchen in den gasförmigen Zustand übergeht. Dabei wird zwischen verdampfen und sieden unterschieden, wobei die Unterscheidung hauptsächlich im höheren Temperaturbereich liegt, wodurch der Phasenübergang beim Verdampfen und Sublimieren aufgrund der höheren Teilchengeschwindigkeiten schneller vor sich geht.

Beispiele: Wasser (flüssig) +   →   Wasser-
Temperaturerhöhung   dampf

Kondensieren und resublimieren

Die Stoffteilchen werden durch die Kohäsionskräfte eines festen oder flüssigen Stoffes festgehalten. Bei Verringerung der Temperatur wird die Beweglichkeit der Teilchen verringert und bei Unterschreitung der Erstarrungstemperatur bzw. der Sublimationstemperatur eine Flüssigkeit bzw. ein Feststoff gebildet.

Praxistipp:

Bei Änderung der Temperatur oder des Druckes können Stoffe in einen anderen Aggregatzustand übergehen. Durch Änderung der Randbedingungen (z. B. Austritt von Flüssiggas), Sonneneinstrahlung etc. können Stoffe während eines Einsatzes in anderen Aggregatzuständen vorhanden sein als ursprünglich gedacht. Kurzfristig können somit andere Maßnahmen zum Lösen des Einsatzszenarios notwendig werden. Eine flexible Reaktion auf Zustandsänderung ist somit gefordert. Mit der Änderung des Aggregatzustandes können sich auch die auftretenden Gefahren verändern.

Löslichkeit

Die Löslichkeit beschreibt die maximale Stoffmenge, die bei einer bestimmten Temperatur in einem Lösungsmittel enthalten sein kann. Die gelöste Stoffmenge in einer Lösung ergibt die Konzentration (vgl. Mortimer et. al. (2010), Seite 213). Beispielsweise lassen sich bei einer Temperatur von 20 °C in einem Gesamtprodukt von 100 g, ca. 26,5 g Natriumchlorid (»Kochsalz«) lösen (somit 26,5 g NaCl und 73,5 g H_2O).

4.2 Physikalische Eigenschaften

Praxistipp:
Das Niederschlagen von Gasen und Dämpfen wird mittels Wassernebel (Sprühstrahl aus Strahlrohren, Wasserwerfern oder Hydroschildern) durchgeführt. Im Wassernebel gehen die Gase oder Dämpfe je nach ihren Eigenschaften in bestimmter Menge und Geschwindigkeit in Lösung. Dafür ist meist eine hohe Wasserzulieferleistung (>1000 l/Minute) notwendig. Je größer die Oberfläche der Wassertropfen (Sprühstrahl), desto größer ist die Möglichkeit eines Überganges von Gasen in die Flüssigkeit. Feststoffe und Gase können in Flüssigkeiten in Lösung gehen. Bei Vermischung von Stoffen kann dies für die Einsatzkräfte von Bedeutung sein. Chemische Reaktionen beim Zusammentreffen von Stoffen, die Änderung des pH-Wertes der Flüssigkeit, entstehende Reiz-, Ätz- oder ähnliche Wirkungen können dabei auftreten. Somit ist im Einsatzverlauf acht zu geben, dass auftretendes, möglicherweise kontaminiertes Löschwasser nicht unkontrolliert verteilt wird, da schädigende Stoffe darin gelöst sein können.

Verdampfen
Moleküle, deren Energie groß genug ist, um sich von der Anziehungskraft der umgebenden Moleküle zu entfernen, können von der Flüssigphase in die Gasphase entweichen. Dadurch entweicht auch die kinetische Energie der Flüssigkeit, was eine Verringerung der Temperatur der Flüssigkeit nach sich zieht. Mit steigender Temperatur (z. B. Temperaturbeaufschlagung aus der Umgebung durch die Sonne oder durch ein Brandgeschehen) nimmt die Verdampfungsgeschwindigkeit zu. Neben der Umgebungstemperatur beeinflusst auch die Luftfeuchtigkeit die Verdampfungsrate einer Flüssigkeit (vgl. Mortimer et. al. (2010), Seite 175 f.).

Viskosität
Viskosität ist die Eigenschaft, dem Fließen von Flüssigkeiten als auch Gasen einen Widerstand entgegenzusetzen (somit Fließfähigkeit). Diese Eigenschaft ist temperaturabhängig. Mit steigender Temperatur nimmt die Viskosität ab (vgl. Mortimer et. al. (2010), Seite 175). Anschaulich wird die Viskosität, wenn man Öl als Schmierstoff mit Benzin vergleicht. Dabei ist der Schmierstoff hochviskoser als das Benzin.

Praxistipp:
Die Handhabungen von Stoffen, welche eine hohe Viskosität als Eigenschaft besitzen, sind mit anderen Maßnahmen zu behandeln, als solche mit geringerer Viskosität. Beim Umpumpen von hochviskosen Flüssigkeiten müssen andere Pumpsysteme zur Verwendung gebracht werden als bei einer geringen Viskosität (z. B. Schlauchquetschpumpen). Dickflüssige Stoffe können Abflüsse einengen bzw. schließen.

4 Stoffe und ihre Eigenschaften

Dampfdruck

In einem geschlossenen System gehen von einer Flüssigkeit Moleküle in die Gasphase über. Dabei bleiben diese in der Nähe der Flüssigkeit. Diese kehren, je nach Unordnung des Systems, wieder in die Flüssigkeit zurück. Wie viele Moleküle wieder zurück in die Flüssigkeit wandern, hängt von der Konzentration der Moleküle in der Gasphase ab. Ist die Zahl der verdampfenden mit der Zahl der kondensierenden Moleküle gleich, so stellt sich bei einer gewissen Temperatur ein Gleichgewicht ein. Dabei steht das System nicht still, es erfolgt ein ständiger Molekülaustausch. Die Anzahl der Moleküle im Dampf ist konstant. Somit ist auch der Druck, den der Dampf auf die Umgebung ausübt, konstant. Dieser sogenannte Dampfdruck steigt mit zunehmender Temperatur und fällt mit abnehmender Temperatur. Es steigt bis zum sogenannten kritischen Druck, bei welchem es nur eine Phase gibt. Gas und Flüssigkeit lassen sich dabei nicht mehr unterscheiden (vgl. Mortimer et. al. (2010), Seite 176).

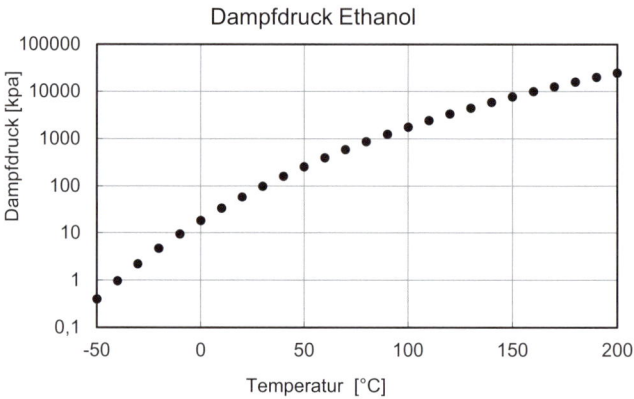

Bild 45: *Dampfdruckkurve*

Praxistipp:

Der Dampfdruck ist abhängig von der Temperatur und ist ein Maß für die Verdampfungsgeschwindigkeit. Maßgebend für die Feuerwehr ist dabei die Größenordnung des Dampfdruckes. Bei einem niedrigen Dampfdruck wird die Verdunstung einer Lache längere Zeit in Anspruch nehmen als bei einem hohen Dampfdruck, um den Zustand zu wechseln. Dies hat wiederum Einfluss auf die Einsatztaktik und das Binden und Auffangen (evtl. Abdeckung notwendig, um ein Verdampfen des

> ausgetretenen Produktes zu reduzieren). Bindemittel erhöht die Oberfläche der Flüssigkeit. Dadurch kommt es zu höheren Verdampfungsraten. Somit soll der Einsatz von Bindemitteln bei Situationen ohne ausreichende Ablüftung von auftretenden Gas-Dampf-Luftgemischen wohl überlegt werden.

4.3 Chemische Eigenschaften

Brennbarkeit
Die Brennbarkeit von Gasen und Dämpfen und die daraus entstehende Explosionsgefahr ist für die Einsatzkräfte von hoher Bedeutung. Zahlreiche Dämpfe von Flüssigkeiten sind unter normalen Umständen nur schwer zu entflammen (z. B. Diesel). Dabei sind Flüssigkeiten selbst nicht brennbar. Brennbar sind die Dämpfe oder Gase, die aus der Flüssigkeit gebildet werden.

Flammpunkt
Der Flammpunkt gibt die niedrigste Temperatur einer Flüssigkeit an, bei der an ihrer Oberfläche ein definiertes Gemisch aus brennbaren Gasen entsteht. Durch Zuführen einer Wärmequelle (Fremdzündung) kann dieses Dampf-Gas-Luft-Gemisch entzündet werden. Entfernt man die Wärmequelle wieder, erlischt die Flamme (vgl. Dambeck (1997), Seite 16).

Brennpunkt
Der Brennpunkt liegt einige Grade über der Flammpunkttemperatur. Bei dieser brennen die Gase/Dämpfe bei Entfernung der Zündquelle selbstständig weiter (vgl. Dambeck (1997), Seite 16 f.).

Zündpunkt
Der Zündpunkt ist die niedrigste Temperatur eines Dampf-Gas-Luft-Gemisches, bei der ein selbstentzündendes Verhalten möglich ist (vgl. Dambeck (1997), Seite 17).

> **Praxistipp:**
> Die Stoffeigenschaften, welche mit der Entzündung eines Gases zu tun haben, sind relevant für die Auswahl von Geräten (Temperaturklassen von Geräten), die in der Nähe dieser Stoffe eingesetzt werden. Keinesfalls soll es zur Entzündung des Stoffes oder Gemisches durch die eingesetzten Geräte und Werkzeuge kommen. Des

4 Stoffe und ihre Eigenschaften

> Weiteren sind diese Punkte in Verbindung mit der Außentemperatur relevant, da z. B. bei 0 °C von keiner Entflammung auszugehen ist, diese aber bereits bei 30 °C möglich ist (z. B. bei Benzin).

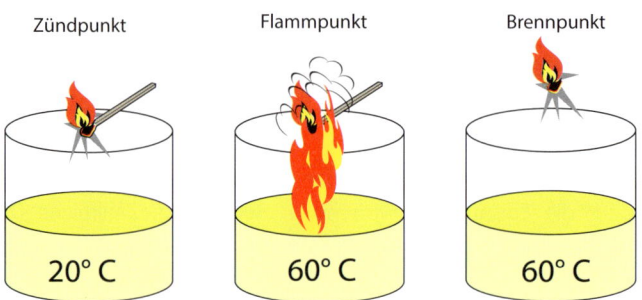

Bild 46: *Zünd-, Flamm- und Brennpunkt*

4.4 Explosion von Gasen und Dämpfen

Physikalisch gesehen ist eine Explosion nichts anderes als eine Verbrennung mit einer höheren Reaktions-/Verbrennungsgeschwindigkeit und somit eine abrupt ablaufende Oxidation, die einen Druck- oder Temperaturanstieg oder beides erzeugt. Explosionen von Stoffen unterscheiden sich durch verschiedene Kriterien. Explosionsfähige Atmosphären sind ein zündfähiges Gemisch aus Luft (Sauerstoff) und brennbaren Stoffen.

Für eine Verbrennung müssen folgende Voraussetzungen erfüllt werden:
- brennbarer Stoff (Gase, Dämpfe, Nebel, Stäube, Fasern etc.)
- Sauerstoff (Oxidationsmittel, meistens Umgebungsluft)
- Mischungsverhältnis zueinander
- Zündenergie – Initialtherme (Energie, die aufgebracht werden muss, um eine Zündung auszulösen) wie auch deren Eigenschaften (Druck etc.)

Sind ein brennbarer Stoff und Sauerstoff (normalerweise Luft mit einem Sauerstoffgehalt von 21 %) im zündfähigen Verhältnis vermischt, kann bei Zuführung einer Zündenergie (u. a. elektrische oder thermische Energiezuführung) eine Verbrennung ausgelöst werden, wenn die Mindestzündenergie erreicht wird. Das Mischungsverhältnis obiger Komponenten hängt dabei vom brennbaren Stoff ab und ist nicht für alle gleich. Weicht das Mischungsverhältnis vom optimalen Verhältnis ab, so kann

4.4 Explosion von Gasen und Dämpfen

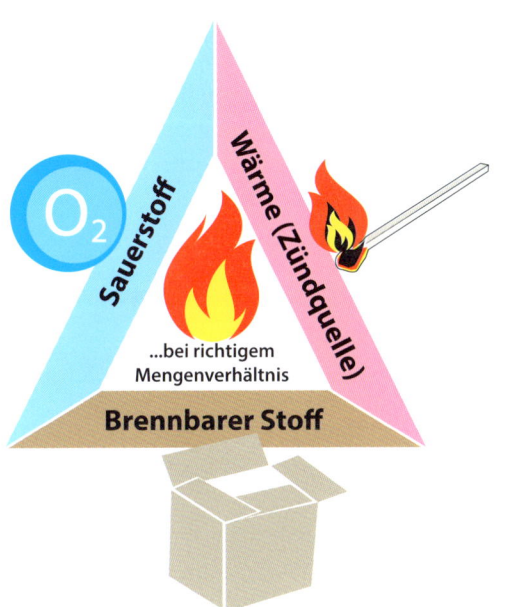

Bild 47: *Verbrennungsdreieck und Zündquelle*

es trotzdem zu einer Zündung des Gemisches kommen. Lediglich die Reaktionsgeschwindigkeit kann abweichen. Eine Gefahrenabschätzung kann über den Flammpunkt, Zündpunkt, das Dichteverhältnis, die Explosionsgrenzen sowie mittels der Verdunstung erfolgen. Um Explosionen zu vermeiden, muss mindestens ein Element des Verbrennungsdreieckes so weit minimiert werden, dass das benötigte Mischungsverhältnis nicht erreicht (bzw. unterschritten) werden kann. Dies kann wie folgt geschehen:

- Vermeidung des Erreichens der unteren Explosionsgrenze bzw. Unterschreitens der oberen Explosionsgrenze sowie durch Unterschreiten der Sauerstoffkonzentration
- Vermeidung von Mindestzündenergie und Unterschreiten der Zündtemperatur

Der Explosionsbereich ist der Bereich der Konzentration eines brennbaren Stoffes, der zwischen oberer und unterer Explosionsgrenze (siehe Bild 48) liegt. Ist die Konzentration unter diesem Bereich (untere Explosionsgrenze), ist eine Zündung nicht möglich, da zu wenig Brennstoff vorhanden ist. Liegt ein Mischungsverhältnis über dem Bereich der oberen Explosionsgrenze vor, so ist ebenfalls keine Zündung

4 Stoffe und ihre Eigenschaften

möglich, da zu wenig Sauerstoff vorhanden ist. Allerdings ist der Bereich über der oberen Explosionsgrenze wesentlich gefährlicher als der unterhalb der unteren Explosionsgrenze, da bei Verringerung der Konzentration des brennbaren Stoffes der Bereich des zündfähigen Gemisches (explosionsfähige Atmosphäre) durchlaufen werden muss und dabei eine Explosion ausgelöst werden kann (vgl. BRANDSchutz (2017), Seite 77 f.).

Bild 48: *Explosionsfähige Atmosphäre*

Kommt es zu einer Entzündung einer zündfähigen Atmosphäre, können je nach Gemisch und Stoff verschiedene Verbrennungsgeschwindigkeiten und Drücke erreicht werden. Verbrennungen können Geschwindigkeiten von mehr als 3 000 m/s und Drücke von durchaus möglichen 20 bar erreichen und somit ganze Gebäude zerstören.

Tabelle 11: *Verbrennungsgeschwindigkeit*

	Verbrennungsgeschwindigkeit	Druck
Verbrennung	mm/min	
Verpuffung	cm/s	< 1 bar
Explosion	m/s	< 10 bar
Detonation	km/s	20 bar und mehr

Die Bildung von Kondensatwolken im Bereich von Austrittsstellen ist grundsätzlich kein Indiz für eine explosionsfähige Atmosphäre, sondern auf das Vorhandensein von Luftfeuchtigkeit zurückzuführen. Die Reaktionsgeschwindigkeit (Umsetzung des Gas-Dampf-Luft-Gemisches) kann dabei je nach Umgebungsbedingung verschieden schnell ablaufen. Mit Detonation wird eine Flammengeschwindigkeit im Überschall, Deflagration im Unterschallbereich bezeichnet. Abhängig ist diese dabei von der Umgebungsgeometrie, von freigesetzten Gasmengen, der Zündenergie und der

Durchmischung (Turbolenz) der Fluidteilchen im Gemisch (vgl. Scharff (2018), Folie »Explosionen«).

Das Vorhandensein von explosionsfähigen Atmosphären führt zu Einsatzgrenzen. Ist dennoch eine Intervention notwendig, ist es sinnvoll die 4-A-Regel anzuwenden. Der Abstand sollte so groß wie möglich und die Aufenthaltszeit so kurz wie möglich gehalten werden. Wenn möglich sollten Angriffe bzw. Arbeiten aus vorhandenen Deckungen durchgeführt werden (Mauer, Wände, Fahrzeuge etc.). Geräte sollten, soweit wie möglich, automatisiert eingesetzt werden. Wenn möglich Strahlrohre ohne Personal (Wasserwerfer) einsetzen. Für etwaige Tätigkeiten sind funkenarme Werkzeuge zu verwenden. Alle möglichen Zündquellen (siehe Zündquellen) sind fernzuhalten, um die Wahrscheinlichkeit einer Entzündung eines Gemisches so gering wie möglich zu halten.

4.5 Zündquellen

Zündquellen sind Energien, die bei vorhandenen Gas-Dampf-Luft-Gemischen im passenden Verhältnis eine Oxidation (siehe Kapitel 4.4 Explosion von Gasen und Dämpfen) auslösen können. In Tunnelanlagen gibt es eine schier unendliche Menge an Zündquellen. Einerseits werden diese von den Nutzern in den Tunnel eingebracht (Fahrzeuge, Rauchzeug, statische Aufladung usw.) und andererseits sind durch die baulichen und technischen Gegebenheiten der Anlage ebenfalls Zündquellen vorhanden. Folgend ist eine Aufstellung aller erdenklichen Zündquellen im Tunnel aufgelistet:

- statische Aufladung, Blitzschlag, ionisierende Strahlung, Rauchzeug, Feuerzeug
- Verwendung von Werkzeugen (Schlagfunken, Schleiffunken, Wärme etc.)
- elektrische Geräte, elektrische Anlagen, Laser
- Verbrennungskraftmaschinen
- Reibung ohne Feuer, Glut
- überhitzte Bremsen, überhitzte Lager (Radlager)
- adiabate Kompression (Stoßwellen etc.)
- chemische (exotherme) Reaktionen, Ladungen in erwärmtem Zustand
- überhitzte Lage, Selbstentzündung bzw. -zersetzung, Reaktion von unterschiedlichen Stoffen
- Beleuchtung (Oberflächentemperatur, hohe Zündspannung)

4 Stoffe und ihre Eigenschaften

Um Explosionen zu vermeiden, sollten Energieeinbringungen vermieden werden oder wenn Arbeiten die Energieeinbringungen im Zuge von Rettungsarbeiten notwendig machen, ist der Sicherheitsabstand zum Dampf/Gas-Luft-Gemisch so groß wie möglich zu halten bzw. Ersatzmaßnahmen (z. B. Schutzmaßnahmen, Brandbekämpfungsmaßnahmen, Brandschutzmaßnahmen (Strahlrohr, Schaumrohr in Bereitschaft)) zu ergreifen.

Ausgelöste Explosionen in räumlich begrenzten Bereichen – wie den Tunnelanlagen – können aufgrund der fehlenden Ausbreitungsmöglichkeit einer Druckwelle fatale Folgewirkungen nach sich ziehen. Eine Ausbreitung ist nur in Portalrichtung möglich. Daher ist auch die Aufstellung der Fahrzeuge und das Verweilen der Einsatzkräfte vom Beginn an in Betracht zu ziehen. Eine anfänglich falsch begonnene Aufstellung der Fahrzeuge kann im Einsatzfall zu gröberen Problemen führen.

Mindestzündenergie

Die Mindestzündenergie beschreibt, wie groß die Energie sein muss, die notwendig ist, um ein Brennstoff-Luft-Gemisch zu entzünden. Mit Hilfe dieser Zündenergie ist die Beurteilung der Gefahr möglich, die von einer Zündquelle ausgeht. Die Mindestzündenergie normalbrennbarer Gase bewegen sich im Bereich zwischen 0,01 und 0,3 mJ (vgl. Bartknecht et al (1993), Seite 17.). Bei Umgebungsdruckerhöhung, steigender Temperatur sowie bei stärkeren Oxidationsmitteln als die Umgebungsluft (Sauerstoffzufuhr) sinkt die Mindestzündenergie.

In der Praxis, also im Verlauf eines Einsatzes, ist es völlig unmöglich hier eine Bewertung der Zündenergien durchzuführen. Das Wichtigste ist diese so weit wie möglich zu vermeiden und wenn vorhanden möglichst ausreichende Ersatzmaßnahmen anzudenken.

Praxistipp:

Die Messung von grundsätzlich unsichtbaren, möglicherweise geruchslosen, explosionsfähigen Atmosphären ist nur eine Punktmessung (an einem Punkt des Tunnels) und kann mit den Möglichkeiten der Feuerwehr nicht für einen ganzen Bereich einer Tunnelanlage als absoluter Wert wiedergegeben werden. Der Einfluss von Umgebungstemperatur, Wind (Lüftung), Sonnenstrahlung (Portal), Wetter etc. muss dabei berücksichtigt werden. Jedenfalls sind Messungen an mehreren Stellen als auch in mehreren Höhenschichten im Tunnel notwendig.
Bei vorhandenen explosionsfähigen Atmosphären sind die Einsatzmaßnahmen äußerst kritisch zu überlegen und gegebenenfalls ist eine Verdünnung anzustreben. Messgeräte der Einsatzkräfte sind mit Alarmschwellen von 10 % und 20 % der

> unteren Explosionsgrenze versehen und geben somit bei einer sehr geringen Konzentration bereits einen Alarm ab. Entscheidend ist bei der Messung, ob eine Explosionsgefahr vorhanden ist und in welchem Bereich diese liegt.
> Um die Explosionsgefahr abschätzen zu können, sind Flammpunkt und Zündpunkt der ausgetretenen Produkte zu beachten. Diese beiden Werte gepaart mit der Konzentration wie auch der Umgebungstemperatur und den Zündquellen stellen die relevanten Parameter für die explosionsfähigen Gemische im Falle von Flüssigkeiten dar. Bei gasförmigen Stoffen liegt das Produkt bereits in gasförmigem Zustand vor und liegt somit in Kombination mit dem Luftsauerstoff in explosionsfähiger Form vor. Eine Explosion ist bei Einbringung einer Mindestzündenergie und passenden Konzentration möglich.
> Brennbare Flüssigkeiten, die bei einem Austritt in der Luft verteilt werden (Aerosole), können auch unterhalb ihres Flammpunktes (unter Beachtung des Mischungsverhältnisses von Dämpfen und Sauerstoff) zünden.
> Als Maßnahmen können Konzentrationsbegrenzungen (somit Lüftung bzw. Ausflussbegrenzung durch Abdichtmaßnahmen) oder Inertisierung (z. B. durch Wassernebel und somit Sauerstoffentzug) angedacht werden. Bei Arbeiten in explosionsfähigen Umgebungen sind zusätzliche Zündquellen unbedingt zu vermeiden.

4.6 Die Belastungspfade beim Menschen

Kommt ein Mensch in Kontakt mit einem chemischen Stoff, so können die verschiedensten Wirkungen auftreten. Es wird zwischen folgenden Wegen, mit welchen ein Schadstoff vom Körper aufgenommen werden kann (siehe Bild 49), unterschieden:

- Gewalteinwirkung
- Strahlung
- Inkorporation (Inhalation, Ingestion)
- Kontamination

Dabei sind die Art der Aufnahme und die Menge des Stoffes, die in den Körper gelangen, von entscheidender Bedeutung (somit die Konzentration) für deren Wirkung. Es sollten gewisse Schwellwerte nicht überschritten werden, um eine langfristige Schädigung des Körpers zu vermeiden.

Gewalteinwirkung
Durch Explosionen, Deformationen aufgrund von einem Aufprall, Sturz usw. kann es zu mechanischen Einwirkungen auf den Körper kommen. Dies kann durch sekundäre

4 Stoffe und ihre Eigenschaften

Die Belastungspfade beim Menschen

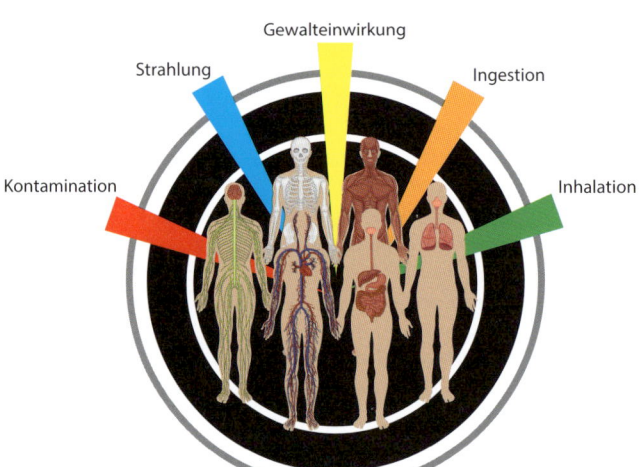

Bild 49: *Belastungspfade*

Ereignisse (Explosion → Druckwelle → Trommelfellschädigung) oder über eine direkte Gewalteinwirkung (z. B. Einwirkung infolge eines Zusammenstoßes von Fahrzeugen bei einem Verkehrsunfall) geschehen. Verletzungen aller Art sind möglich (vgl. BMI (2000), Seite 14 ff.).

Strahlung
Diese wirkt von außen auf den Körper und kann mitunter über große Entfernung von der Quelle ihre Wirkung entfalten. Im Fall von Schadstoffen können dies ionisierende Strahlung (radioaktive Stoffe), Hitzestrahlung (Brände), aber auch Kälte (Austritt tiefkalter, verflüssigter Gase) sein (vgl. BMI (2000), Seite 14 ff.).

Inkorporation
Unter Inkorporation versteht man die Aufnahme von Stoffen in den Körper über die Atemwege, Haut, intravenös usw.

4.6 Die Belastungspfade beim Menschen

Ingestion
Das Gelangen toxischer Stoffe in die Nahrungskette führt zur Ingestion. Dies kann an der Einsatzstelle durch die Aufnahme von Nahrung geschehen. Die Einsatzhygiene ist dabei akribisch zu beachten. Aber auch über die Beaufschlagung von Feldern, Tieren usw. können Schadstoffe vom Menschen aufgenommen werden. Des Weiteren können durch die Beaufschlagung von der Umgebung (Felder, Wald etc.) auch Langzeitwirkungen auf die Bevölkerung durch die Bewirtschaftung dieser entstehen.

Inhalation
Über eine weite Entfernung können Gase und Dämpfe mit Hilfe von Strömungen verbreitet werden. Bei Austritt können große Flächen von einer Beaufschlagung betroffen sein. Die Aufnahme der Stoffe erfolgt dabei über die Atemwege und kann erstickende Wirkung, Reiz- und Ätzwirkung, toxische Wirkung auf Blut, Nerven und Gewebe sowie bei Aufnahme von radioaktiven Nukliden auch Strahlenwirkung ausüben (vgl. BMI (2000), Seite 14 ff.).

Kontamination des Menschen
Die Verunreinigung der menschlichen Haut bzw. auch der Kleidung mit festen, flüssigen oder gasförmigen Stoffen wird als Kontamination bezeichnet. Dabei wird über die Haut (Resorption) und offene Wunden dieser Stoff in den Körper aufgenommen und über den Blutkreislauf verteilt, wo Schäden an Organen und Körperteilen hervorgerufen werden können (vgl. BMI (2000), Seite 14 ff.).

Praxistipp:
Die Gefährdung von Einsatzkräften muss minimal gehalten werden. Durch Kenntnis der Stoffe, deren Aufnahmewege (Belastungspfade) und der daraus resultierenden notwendigen Schutzausrüstung kann unter Berücksichtigung der 4-A-Regel ein hohes Sicherheits- bzw. Eigenschutzlevel gewährleistet werden.

5 Ausrüstung der Feuerwehr

Feuerwehren sind für die Einsätze in Tunnelanlagen mit Spezialgeräten ausgerüstet. Einerseits erfordert der langandauernde Einsatz im Tunnel spezielle Atemschutztechnik, um darin teilweise auch umluftunabhängig arbeiten zu können, andererseits sind Fahrzeuge notwendig, um Schutzausrüstung, Geräte und Personal für den Einsatz zu transportieren.

5.1 Fahrzeuge

Der Transport aller Ressourcen (Mannschaft, Material sowie Geräte) erfolgt bei der Feuerwehr durch Fahrzeuge. Zusätzlich zu den Standardlöschfahrzeugen ist für Einsätze im Gefahrstoffbereich meist Spezialgerät (Spezialpumpen, funkenarmes Werkzeug, Schutzanzüge etc.) erforderlich. Dabei werden Gefährliche-Stoffe-Fahrzeuge[1], Atemschutzfahrzeuge sowie Dekontaminationsfahrzeuge in den verschiedensten Bauformen und Varianten eingesetzt. Diese Fahrzeuge werden grundsätzlich im Freibereich (Portal, Bereitstellungsplätzen etc.) vorgehalten.

5.2 Schutzanzüge

Für den ABC-Einsatz sind geeignete Schutzbekleidungen erforderlich. Je nach Art des Einsatzes und dem sich daraus ergebenden Schutzumfang sind bei den Feuerwehren vier Schutzstufen in Verwendung. Diese Stufen unterscheiden sich in der Ausführung und im Schutzumfang. Schutzanzüge sind nicht auf Dauer gegen alle Stoffe beständig. Es ist dabei immer auf die Einwirkzeit (siehe 4-A-Regel) und die Art des Stoffes zu achten. Auskunft darüber geben Beständigkeitslisten, Gebrauchsanweisungen und Nutzerhinweise der Hersteller. Beispielsweise kann ein Schutzanzug Schutzstufe IV für 30 Minuten salzsäurebeständig ausgeführt sein (material- bzw. herstellerabhängig).

Auf mechanische Beschädigung während des Einsatzes muss ebenfalls geachtet werden. Extreme Hitzeeinwirkung (z. B. durch Brand) oder Kälteeinwirkung (z. B.

---

[1] Hier und im Folgenden werden die österreichischen Begrifflichkeiten genutzt. Diese weichen teilweise von den deutschen Fahrzeugbezeichnungen (hier bspw. Gerätewagen Gefahrgut) ab.

5.2 Schutzanzüge

flüssiger Stickstoff) bedürfen zusätzlicher Schutzmaßnahmen, da die meisten Chemikalienschutzanzüge diese nicht in dem geforderten Ausmaß aushalten und brüchig werden oder zu schmelzen beginnen (vgl. Kemper (2013), Seite 17 f.).

Schutzstufe I
Als Schutzstufe I wird ein Kontaminationsschutz – der nicht gasdicht und nicht flüssigkeitsdicht ist – bezeichnet. Diese Schutzstufe wird für die Brandbekämpfung im herkömmlichen Ausmaß verwendet. Er bietet eine kurzzeitige Beständigkeit gegen die meisten Chemikalien und wird als Spritzschutz im Rahmen unbedingt notwendiger Maßnahmen (z. B. Menschenrettung) in Kombination mit Chemieschutzstiefeln und Chemieschutzhandschuhen verwendet. Dabei gibt es die verschiedensten zweiteiligen wie auch einteiligen Modelle (z. B. Overall). Der Hals- und Kopfbereich muss durch zusätzliche Schutzhauben abgedeckt werden. Umluftabhängige oder umluftunabhängige Atemschutzgeräte werden in Verbindung mit der Schutzstufe I getragen, um die Schadstoffaufnahme über die Atemwege auszuschließen (vgl. Kemper (2013), Seite 18).

Schutzstufe II
Schutzanzüge der Schutzstufe II bieten Schutz vor festen, begrenzten Schutz vor flüssigen Stoffen und nur eingeschränkten Schutz vor Gasen. Der Anzug der Schutzstufe II ist ein Kontaminationsschutzanzug, der über den normalen Feuerwehrschutzanzug (Schutzstufe I) getragen wird.

Seitens der Industrie sind auch Muster vorhanden, bei welchen das Tragen der Schutzstufe I unterhalb der Stufe II nicht zwingend erforderlich ist. Aufgrund seiner Beschaffenheit ist der Schutzanzug der Schutzstufe II nur eingeschränkt hitzebeständig. Der Kopf- und Halsbereich ist durch eine Schutzhaube abgedeckt. Chemieschutzhandschuhe und Chemieschutzstiefel werden meist mit speziellen Klebebändern an den Anzug angebracht und damit auch abgedichtet. Das umluftunabhängige Atemschutzgerät wird außerhalb des Schutzanzuges getragen (vgl. Kemper (2013), Seite 18 f.).

Schutzstufe III
Schutz vor festen, flüssigen und gasförmigen Stoffen bietet die Schutzstufe III. Dieser Anzug wird bei Vorhandensein aller Stoffe verwendet, bei denen Schutzstufe I und Schutzstufe II aus Sicherheitsgründen nicht verwendet werden können (Art des Stoffes und dessen Eigenschaften) oder bei Situationen, in denen nicht ausreichende Klarheit über die Art und Eigenschaften des vorhandenen Stoffes besteht. Schutzanzüge der Schutzstufe III schützen nur unzureichend gegen hohe wie auch gegen

niedrige Temperaturen. Unter dem Chemieschutzanzug wird eine brandhemmende, schweißsaugende, atmungsaktive Unterbekleidung getragen. Ein umluftunabhängiges Atemschutzgerät wird unter dem Chemieschutzanzug getragen (vgl. Kemper (2013), Seite 19 f.).

Bild 50: *Schutzanzüge Übersicht*

Tabelle 12: *Schutzwirkung Schutzbekleidung*

	Schutzstufe I	Schutzstufe II	Schutzstufe III
hohe Temperaturen	sehr gut	schlecht	schlecht
niedrige Temperaturen	sehr gut	schlecht	schlecht
Schutz gegen feste Stoffe	sehr gut	sehr gut	sehr gut
Schutz gegen flüssige Stoffe	mäßig	sehr gut	sehr gut
Schutz gegen gasförmige Stoffe	schlecht	mäßig	sehr gut
mechanischer Schutz	sehr gut	schlecht	schlecht
Atemschutz	umluftabhängig/ umluftunabhängig	umluftabhängig/ umluftunabhängig	umluftunabhängig
körperliche Belastung	normal	mittel	sehr hoch

5.3 Messgeräte

Das Messen oder Nachweisen von Stoffen im festen, flüssigen oder gasförmigen Aggregatzustand ist im ABC-Einsatz nicht mehr wegzudenken. Sei es, um Bereiche für den Bevölkerungsschutz abzustecken, oder als direkter Nutzen für die Einsatzkräfte selbst, indem man Absperrgrenzen anpasst oder Gefahren für Menschen, Tiere und Umwelt feststellt bzw. als Grundlage für einen Einsatz von Einsatzkräften im Gefahrenbereich. Auch um die Schutzbekleidung festzulegen und die Einsatztaktik an die Gegebenheiten anzupassen, sind Messwerte unverzichtbar. Dabei unterscheidet man die Begriffe »Messen« und »Nachweisen«. Beim Messen erfolgt eine quantitative Feststellung der Stoffmenge. Beim Nachweisen hingegen eine qualitative Feststellung und somit die Frage: »Ist ein gefährlicher Stoff vorhanden?«.

Für die Messung von **radioaktiven Stoffen (A)** stehen Geräte zur Verfügung, welche Alpha-, Beta-, Gamma- wie auch Neutronenstrahlung detektieren. Des Weiteren sind Dosis- und Dosisleistungsmessungen möglich. Über spezielle Sonden (u. a. Teleskopsonden) oder Kontamaten können Spezialaufgaben wie Personenkontaminationsnachweise oder die Feststellung von Örtlichkeiten bei Produktaustritten durchgeführt werden.

Biologische Stoffe (B) wie Mikroorganismen, Viren, Bakterien oder dergleichen können nur in einem sehr vereinfachten Verfahren vor Ort nachgewiesen werden. Schnelltestverfahren sind für verschiedene biologische Stoffe vorhanden. Für umfassende Analysen ist allenfalls eine Laboranalytik notwendig (vgl. BRANDSchutz (2017), Seite 1027 ff.).

Bei **chemischen Stoffen (C)** stehen Mess- und Nachweisverfahren für den flüssigen und den gasförmigen Aggregatzustand zur Verfügung. Gasförmige Stoffe können mittels Chipmesssystemen (z. B. Ex-Gefahr, CO, CO_2, H_2S), die eine digitale Auswertung erlauben, oder mit Prüfröhrchen, welche mit dem Stoff durch eine Handpumpe beaufschlagt werden, gemessen werden. Für flüssige Stoffe stehen hochtechnische Handanalysegeräte, Universal-Indikatorpapiere, pH-Wert-Messgeräte, Öl-Testpapier und Wassernachweispaste zur Verfügung (vgl. BRANDSchutz (2017), Seite 1027 ff.).

Dabei steht in der Erstphase eines Einsatzes nicht die komplette Bandbreite an vorhandenen Messsystemen zur Verfügung, da diese über ein mehrstufiges Messkonzept im Zuge der Alarmierung von Spezialkräfte nachalarmiert werden.

- **Stufe 1**: Messung durch die örtliche Feuerwehr (meist Öl-Testpapier, Gasmessgerät)

5 Ausrüstung der Feuerwehr

- **Stufe 2**: Messung durch überörtliche Messsysteme (Gefährliche-Stoffe-Fahrzeuge)
- **Stufe 3**: Messung durch Spezialkräfte

Die erhaltenen Messwerte müssen vom Einsatzleiter bewertet werden. Dabei ist die Einbeziehung von Querempfindlichkeiten und von Messfehlern oder auch der Standort der Messung zu beachten. Die taktischen Maßnahmen sind mit größter Sorgfalt an die erhaltenen Werte anzupassen. Meist empfiehlt es sich, bei der Bewertung von Messergebnissen auf Fachberater zurückzugreifen, welche von der Feuerwehr, von Behörden oder von den Erzeugerfirmen kommen können.

Messwerte

Je nach ausgetretenem Stoff sind Nachweise über die Konzentration von Stoffen und Auswertungen daraus zu machen, die wiederum Aufschluss über Gefahren und somit über die weitere taktische Vorgehensweise geben. Dies kann u. a. Aufschluss über ausgetretene radioaktive Stoffe (Dosisleistung), explosionsfähige Atmosphären, die Sauerstoffkonzentration oder aber auch gesundheitsgefährliche Stoffe geben (vgl. Kemper (2017 a), Seite 68 ff.). Des Weiteren können Aussagen getroffen werden, ob Gase schwerer oder leichter als Luft, brennbar oder toxisch sind, ob eine Erstickungsgefahr besteht oder diese brandfördernd wirken. Tabelle 13 gibt dabei eine Übersicht über die Messgrößen, die dabei zur Anwendung kommen.

Tabelle 13: *Messgrößen*

Einheit	Beschreibung	Aggregatzustand	Beispiel
ppm	Volumen pro Volumen	flüssig, gasförmig	30 ppm CO
Vol%	Volumen pro Volumen	flüssig, gasförmig	0,5 Vol.-% NH3
mg/Liter	Gewicht pro Volumen	flüssig, gasförmig	10 mg Salzsäure/Liter
mg/m^3	Gewicht pro Volumen	flüssig, gasförmig	3 mg Blausäure/m^3
%UEG	Untere Explosionsgrenze	gasförmig	50 % UEG Propan = 0,85 Vol.%

5.4 Atemschutz

Um Einsatzkräfte vor der Inhalation von Atemgiften zu schützen, werden Atemschutzgeräte in umluftabhängiger (Filtergeräte) wie auch umluftunabhängiger Ausführung (Schlauchgeräte, Behältergeräte und Regenerationsgeräte) zum Einsatz gebracht (siehe Bild 51). Atemgifte gelangen über die Atemwege in den Körper und können dort schädigende Wirkung ausüben. Symptome von Atemgiften können Kopfschmerzen, Sehstörungen, Übelkeit, Erbrechen, Atemnot usw. sein und können bei entsprechender Konzentration bis zum Tod führen.

Bei umluftabhängigen Geräten müssen Rahmenbedingungen erfüllt sein, um diese für das Einsatzgeschehen einsetzen zu können:

- Es liegt ein Mindestmaß an Sauerstoff in der Umgebungsluft vor.
- Die Schadstoffart sowie die Konzentration der Schadstoffe liegt in einem Bereich, der nicht überschritten werden darf, da es sonst sehr zeitnah zur Filtersättigung kommt.
- Die Form des Schadstoffes (Partikel, gasförmig) lässt den Einsatz zu (vgl. DGUV (2011), Seite 21).

Bei umluftunabhängigen Atemschutzgeräten wird die benötigte Atemluft entweder
- mitgeführt (Behältergeräte),
- wieder aufbereitet durch Zusatz von Sauerstoff, Reinigung der Ausatemluft mittels Absorberelementen (Regenerationsgeräten)
- oder über einen Schlauch zugeführt (Schlauchgeräte) (vgl. DGUV (2011), Seite 21).

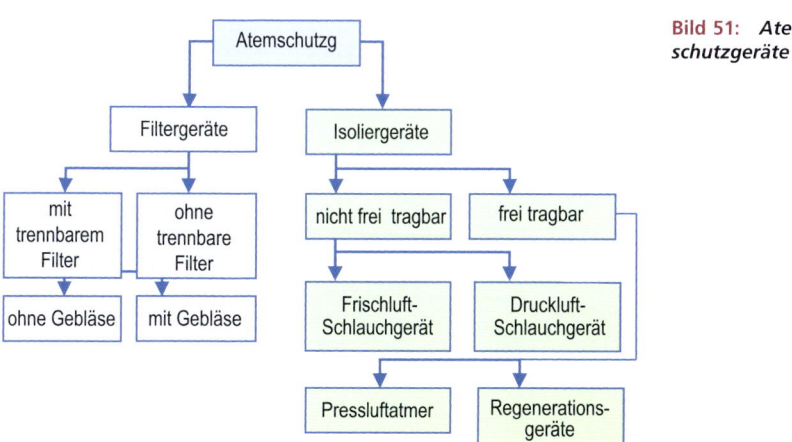

Bild 51: *Atemschutzgeräte*

5 Ausrüstung der Feuerwehr

Vor dem Einsatz dieser Geräte ist eine Gefährdungsanalyse und Beurteilung der Situation vor Ort durchzuführen, um die dafür geeignete Atemschutzausrüstung einsetzen zu können. Die Art, der Umfang, die Einwirkdauer, aber auch die zusätzliche Belastung für den Atemschutzträger (Gewicht, Atemwiderstand, Wärmeentwicklung) müssen berücksichtigt werden (vgl. DGUV (2011), Seite 37 f.).

5.5 Werkzeuge und Geräte

Spezielle Ausrüstung ist für Tätigkeiten im Umgang mit gefährlichen Stoffen notwendig, die wieder aus speziellen Materialien besteht, die von den ausgetretenen Stoffen nicht zersetzt werden bzw. im Weiteren nicht damit reagieren. Für Arbeiten mit brennbaren Materialien sind sie mit Explosionsschutz in einem bestimmten Temperaturbereich ausgestattet. Handwerkzeug wird in einer funkenarmen Ausführung in einer Berylliumkupferlegierung verwendet. Dies gewährleistet, trotz seiner Härte, dass bei dessen Verwendung die Funkenbildung fast ausgeschlossen werden kann.

Um Geräte in einem explosionsfähigen Bereich nutzen zu können, darf die Oberflächentemperatur bei dessen Betrieb den Flammpunkt des vorhandenen Stoffes nicht erreichen. Dementsprechend erfolgt eine Einteilung in sogenannte Temperaturklassen, welche von 85 °C bis 450 °C reichen (siehe Tabelle 14). Zwischen der Gerätetemperatur und dem Flammpunkt ist jedenfalls ein Temperatursicherheitsabstand einzubeziehen.

Tabelle 14: *Temperaturklassen*

Temperaturklasse	max. Oberflächentemperatur	Zündtemperatur Beispiele
T1	450 °C	Propangas (490 °C)
T2	300 °C	Acetylen (335 °C)
T3	200 °C	Benzin (200 °C – 400 °C), Diesel
T4	135 °C	–
T5	100 °C	–
T6	85 °C	–

5.5 Werkzeuge und Geräte

ATEX-zertifizierte Geräte werden speziell für explosionsfähige Atmosphären produziert. Um die geforderten Temperaturklassen zu erreichen, sind spezielle Bauformen erforderlich. Meist ist die Leistungsfähigkeit begrenzt. Durch gekapselte Ausführung ist mit höheren Gerätegewichten zu rechnen.

Praxistipp:

Das hohe Gewicht der Geräte, die für den Einsatz notwendig sind, muss u. U. im Tunnel sehr weit transportiert werden. Dies kann sehr zeit- und ressourcenaufwändig sein.

6 Betriebszustände/Ereigniszustände der Tunnelanlage

Tunnelanlagen befinden sich – wie jedes andere System auch – in einem bestimmten Ereignis- oder Betriebszustand. Dies wird, wenn keine aktuellen Vorkommnisse in Bezug auf die Verkehrssicherheit vorliegen, der Status »Normalbetrieb« sein. Je nach Eigenart, rechtlichen Rahmenbedingungen und Verkehrsaufkommen können verschiedene Betriebszustände erreicht werden, die als Normalbetrieb gelten. Nicht alle bedürfen einer sofortigen Handlung durch das Betriebspersonal. Ereignisse, die sich mit dem Verkehr nicht mehr vereinen lassen (Brände etc.), fallen nicht mehr unter den Zustand »Normalbetrieb«. Je nach Art wird auf die »Schadenlage« reagiert und ggf. externe Hilfe von den Tunnelüberwachungszentralen angefordert.

6.1 Störungen des Betriebes

Unter Störung des Betriebes versteht man Anomalien, die nur überschaubaren Einfluss auf die Sicherheit der Tunnelanlage haben. Eine sofortige Reaktion darauf ist meist nicht notwendig. Ausgebrannte Leuchtmittel wären ein Beispiel dafür. Im Zuge der nächsten Wartungsarbeiten können diese Mängel durch Reparatur oder Austausch beseitigt werden, soweit dies ein akzeptierbares Risiko darstellt.

6.2 Defekte Fahrzeuge (Panne)

Fahrzeuge ohne Brand und Produktaustritt, die aufgrund eines technischen Defekts in der Tunnelanlage halten müssen, sind ein ernstzunehmender Risikofaktor. Davon können einerseits für die nachkommenden Verkehrsteilnehmer als auch für den Lenker und mitfahrende Personen (beim evtl. notwendigen Manipulieren am eigenen Fahrzeug oder auch durch Auffahrunfälle) hohe Gefährdungen ausgehen, welche je nach Art der Panne und Position in der Tunnelanlage, in der das Fahrzeug zum Stillstand gekommen ist, variiert. Bei den meisten Vorfällen mit Fahrzeugpannen müssen jedoch keine Einsatzkräfte tätig werden. Die Betreiber haben verschiedene Möglichkeiten darauf zu reagieren:

- Entsendung eines Interventionsteams des Betreibers
- Geschwindigkeitsreduktion

- Sperre eines Fahrstreifens, der Fahrtrichtung oder des gesamten Tunnels
- Aktivierung des Blinklichtes
- Informationsdurchsagen im Tunnel
- Regelung von technischen Anlagen (z. B. Lüftung)
- Aktivierung, Anpassung von Verkehrsleiteinrichtungen
- usw.

6.3 Verkehrsunfall

In Österreich starben beispielhaft im Jahr 2019 sechs Menschen nach Verkehrsunfällen (2018: drei) in Straßentunnelanlagen sowie 407 auf nicht unterirdisch verlaufenden Straßen (vgl. Bundesministerium Inneres (2020)). Auf den ersten Blick mag dies eine verschwindend kleine Anzahl sein. Nimmt man dazu die Straßenkilometer in den Blickwinkel mit auf, sind dies gesamt ca. 125 000 Straßenkilometer wovon ca. 700 km in Tunnelanlagen verlaufen.

Berechnet man daraus die Verkehrstoten pro Straßenkilometer so erhält man:
- Obertägig geführte Straßen: 0,003256 Tote pro km oder ca. alle 308 km ein Toter
- Untertägig geführte Straßen: 0,008571 Tote pro km oder ca. alle 117 km ein Toter

Dies ist eine ca. dreimal so hohe Zahl von Toten in Straßentunnelanlagen als im Freibereich. Daraus lässt sich ableiten, dass sich das Thema keinesfalls ausblenden lässt und eine genauere Betrachtung der zusätzlich auf die Einsatzkräfte zukommenden Aufgaben notwendig ist.

Durch den begrenzten Raum in der Tunnelanlage ist bei Unfällen sehr oft kein Vorbeifahren an der Unfallstelle möglich. Die Einsatzstelle kann sich über eine längere Distanz und über mehrere Fahrzeuge erstrecken, die möglicherweise bei der ersten Erkundung nicht ersichtlich sind. Das Besetzen aller Tunnelportale und Einsetzen von Ersterkundungstrupps mit Kleinfahrzeugen kann für die Informationsgewinnung von großem Wert sein. Aufbauend auf die auch im Freibereich bekannten Einsatzgrundsätze können folgende Punkte im Einsatzverlauf relevant sein:
- Es müssen Bereitstellungsräume für Großfahrzeuge (Schwere Rüstfahrzeuge, Lkw-Abschleppfahrzeuge etc.) geschaffen werden.
- Brandschutz im Tunnel ist ein äußerst wichtiger Faktor, allenfalls zweifachen Brandschutz (Strahlrohr mit Löschwasser und Pulverlöscher) stän-

dig besetzt halten (dabei sollten auch die tunneleigenen Systeme in Betracht gezogen werden bzw. Verwendung finden, z. B. Hydranten).
- Ständige Kontrolle auf auslaufende Betriebsmittel: darauf achten, ob diese in Schlitzrinnen ablaufen und eventuell an anderen Stellen wieder austreten können, um zündbare Gemische zu bilden (Kontrolle von Auffangsystemen – Auffangbecken etc.).
- Funkenbildung und somit Zündquellen so gering wie möglich halten.
- Gewässerschutzanlagen besetzen und ggf. abschiebern.
- Schnittstellen (Übergabestellen bzw. Übergabeorte) mit anderen Einsatzkräften (hauptsächlich Rettungsdienst, Notarzt) schaffen.
- Eine gemeinsame Einsatzleitstelle aller Einsatzkräfte einrichten.
- Raumordnung im Tunnel durch die eingesetzten Fahrzeuge beachten.
- Geräte und Werkzeuge an geeigneten Plätzen aufbewahren (Geräteablageplatz).
- Wenn möglich mit der Windrichtung (Luftströmung) arbeiten.
- Auf die Luftqualität achten (Abgase von Generatoren etc.).
- Ständig Schadstoffmessungen (Ex-Messung) auf der Abluftseite durchführen.
- Beim Binden von brennbaren Betriebsmitteln auf die Oberflächenvergrößerung des gebundenen Mittels achten (höhere Verdampfungsraten!), um frühzeitig auf explosionsfähige Atmosphären aufmerksam zu werden.

Praxistipp:

Aufgrund der Platzproblematik sollte nur das unbedingt notwendige Personal, Gerät und Fahrzeug in der Tunnelanlage zum Einsatz gebracht werden.
Werden ausgelaufene Betriebsmittel, z. B. Benzin, gebunden, kann es durch die Vergrößerung der Oberfläche zu höheren Schadstoffkonzentrationen und des Weiteren zum Erreichen von Ex-Grenzen kommen. Sinnvoll scheint es, eine Person abzustellen, die auf die Eigenheiten, die sich durch die Tunnelanlage für den Einsatz der Feuerwehr ergeben, achtet und gegebenenfalls den Einsatzabschnittsleiter darauf aufmerksam macht.

6.3 Verkehrsunfall

Bild 52: *Bereitstellungsraum am Tunnelportal*

6 Betriebszustände/Ereigniszustände der Tunnelanlage

Bild 53: *Lkw-Unfall (Quelle: Berufsfeuerwehr Linz (2013) Verkehrsunfall in Tunnelanlage)*

6.4 Brand

Brände in Tunnelanlagen sind nach Schadstoffeinsätzen in Tunnelanlagen zur Königsdisziplin im Feuerwehrwesen zu zählen. Vielen Themen, die in diesem Buch unter dem Thema Schadstoffeinsatz behandelt werden, können äquivalent für den Bereich der Tunnelbrände angewendet werden. Insgesamt ist eine äußerst gefährliche Situation gegeben, wenn sich bei einem Einsatz das Szenario eines Schadstoffeinsatzes zu einem Brandeinsatz durch Zündung von Betriebsmitteln, Entzündung von Fahrzeugen, Einbringen eigener Hitzequellen ändert.

Betrachtet man den Gefahrguteinsatz, so ist dies seitens der Erkundung und Gefahreneinschätzung äußerst kompliziert. Vor allem die Explosionsgefahr ist dabei oftmals nicht einschätzbar. Beim Brandeinsatz kommen dabei häufig noch zusätzlich eine nicht erkundbare Situation im Bereich der Abluft dazu. Steht ein Lkw mit Treibstoff beladen eventuell nächst dem Brandbereich oder brennt ein erdgasbetriebenes Fahrzeug, geht davon hohes Gefahrenpotenzial aus? Tritt ein Produkt aufgrund

6.4 Brand

eines Verkehrsunfalles im Abluftbereich der Tunnelanlage aus, welches nicht erkundet werden kann? Eine schier unendliche Anzahl an Möglichkeiten kann auftreten.

Bild 54: *Rauchaustritt am Tunnelportal nach Fahrzeugbrand*

Sinnvoll ist bei der Erkundung nicht nur, den aktuellen Stand der Videoaufzeichnung zu betrachten, sondern auch die vor dem Unfall in den Tunnel einfahrenden Fahrzeuge zu kennen. Somit je nach Tunnellänge die letzten 5 bis 15 Minuten zu betrachten, da eventuell Fahrzeuge, von denen eine besondere Gefahr ausgehen könnte, eingefahren sein könnten. Der Einsatz von Erkundungstrupps zur Erfassung der aktuellen Lage ist unumgänglich. Nur so erhält man eine brauchbare Lageeinschätzung und dies vor allem auf der nicht einsehbaren Abluftseite. Die tunneleigenen Installationen wie Wasserentnahmestellen, Löschsysteme usw. sollen unbedingt zum Einsatz gebracht werden.

6 Betriebszustände/Ereigniszustände der Tunnelanlage

Bild 55: *Löschangriff bei einem Übungsszenario*

Praxistipp:

Ist bereits am Anfang des Einsatzes abschätzbar, dass es sich um einen länger andauernden Einsatz handelt, ist rechtzeitig für Ablösepersonal zu sorgen. Die Löschmannschaft soll direkt am Brandort abgelöst werden, um die nachfolgenden Einsatzkräfte in die aktuelle Situation und Gegebenheiten Vorort einweisen zu können.

6.5 Gefahrguteinsatz

Als Basis der Szenarienbetrachtung »Gefahrguteinsatz« wird der Aggregatzustand (physikalischer Zustand des jeweiligen (ausgetretenen) Stoffes) als Basis verwendet. Dieser kann für viele Stoffe als nicht stabil angegeben werden. Bei Änderung der Randbedingung (z. B. Temperatur, Druck) durch die vorherrschenden Bedingungen (Thermik, Wetter etc.) wie auch gewollt durch externe Manipulation von Einflussfaktoren (z. B. Änderung der Luftströmungsgeschwindigkeit), kann sich dieser in einen anderen Aggregatzustand wandeln (siehe Aggregatzustand). Diese Aggregatzustände bzw. Phasen können in einem Phasendiagramm dargestellt werden. Grundsätzlich unterscheidet man in den Phasen

- fest (allgemein formbeständig in Form wie auch Volumen) → Feststoff
- flüssig (formunbeständig, raumflexibel, volumenstabil) → Flüssigkeit
- gasförmig (raumausfüllend, formunbeständig, volumenunstabil) → Gas

Explosion

Großbrand

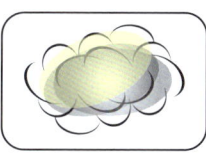
Schadstoffwolke

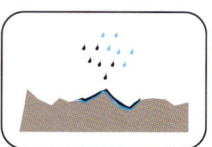
Kontamination

Bild 56: *Schadensszenarien und Auswirkungen*

Für **Feststoffe** ist nach verschiedenen Merkmalen eine weitere Unterscheidung in kristalline (spröde, nicht formveränderliche) oder amorphe Stoffe möglich. Für die Szenarienbetrachtung sind diese Unterscheidungen für Feststoffe nicht mehr ausschlaggebend (vgl. Dorias (1984), Seite 17 ff.). Ein weiterer Zustand, welcher durch einen Phasenübergang von der Gasphase möglich ist, ist die **plasmatische Phase**. Damit wird ein gasförmiger Zustand mit ionisierten Atomen bezeichnet, der grundsätzlich bei hohen Temperaturen (z. B. Blitzen oder Gasentladungen) und bei sehr niedrigen Temperaturen vorkommt. Für die Szenarienbetrachtung ist diese Phase nicht relevant, da sie im Transport auf der Straße oder mit der Bahn nicht, sondern nur unter Laborbedingungen vorkommt.

6 Betriebszustände/Ereigniszustände der Tunnelanlage

Bild 57 stellt ein Phasendiagramm (Zustandsdiagramm) dar. Daraus werden die jeweiligen Aggregatzustände bei bestimmten Druck- und Temperaturverhältnissen abgeleitet. In den Grenzbereichen zwischen den Phasen können beide vorhandenen Phasen stabil existieren. Im Tripelpunkt können drei Phasen gemeinsam stabil existieren.

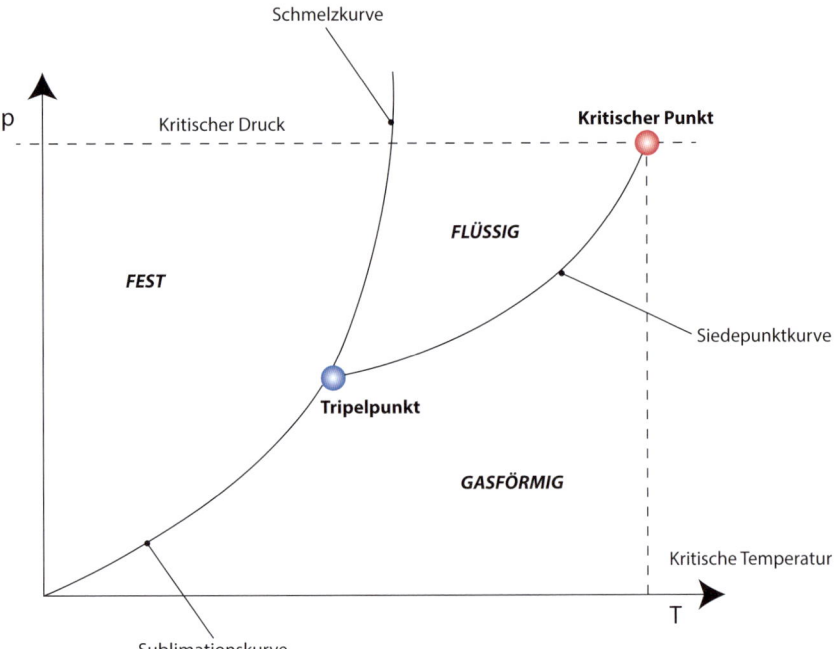

Bild 57: *Phasendiagramm*

6.5.1 Aggregatzustand »fest«

Betrachtet man als Szenario einen Austritt eines festen Stoffes, so kann dies als nachrangig betrachtet werden. Die Ausschließungsparameter für einen Einsatz (explosionsfähige Atmosphäre) sind aufgrund ihrer Eigenschaften nicht vorhanden. In Betracht gezogen werden muss der Einsatz bzw. das Vorhandensein von Stoffen, welche mit den ausgetretenen Stoffen in Reaktion treten (z. B. Luftfeuchtigkeit oder Wasser). Dies bedingt einerseits eine sehr genaue Erkundung und andererseits die Bekanntheit des Stoffes und dessen Eigenschaften.

6.5 Gefahrguteinsatz

Als Einsatzmaßnahmen können Auffangen, Abdichten und Umladen genannt werden. Die Sicherstellung des Brandschutzes und der eigenen Sicherheit (Chemieschutzausrüstung für Einsatzkräfte) ist zu berücksichtigen. Zu betrachten ist weiter vor allem bei Stoffen mit geringer Masse und Größe, dass diese durch die vorhandene Luftströmung (Tunnellüftung: natürlich, mechanisch) nicht zu einer Ausbreitung der Kontamination einerseits der Tunnelröhre und des Freibereiches (vor allem im Portalbereich) wie auch der Tunnelinfrastruktur (Technik) führen. Als Maßnahme können die Abdeckung des Schadstoffes oder die Anpassung der Luftströmungsgeschwindigkeit in Betracht gezogen werden.

6.5.2 Aggregatzustand »flüssig«

Der Siedepunkt eines flüssigen Stoffes liegt oberhalb der Umgebungstemperatur. Bei Austritten von Schadstoffen in der Flüssigphase gilt es mehrere Randbedingungen zu beachten. Diese beginnen beim Austritt, gehen weiter zu Lachenflächen und Verdampfung bis hin zur Ausleitung und Entstehung von explosionsfähigen Atmosphären. Nicht außer Acht zu lassen ist auch das Szenario im zeitlichen Verlauf. Im Folgenden werden die relevanten Parameter aufgelistet.

Art der Freisetzung
Die Art der Freisetzung ist mit der Leckrate begründet. Dabei unterscheidet man in grundsätzlich zwei Szenarien. Zum einen eine Spontanfreisetzung, bei welcher der Stoff während einer sehr kurzen Zeiteinheit bis zur Höhe der Perforationsöffnung ausläuft. Als Situation kann dabei ein Auffahrunfall von Transportern genannt werden, bei dem eine Schweißnaht reißt und z. B. Kohlenwasserstoffe (z. B. Benzin) innerhalb kürzester Zeit auslaufen. Zum anderen spricht man von einer kontinuierlichen Freisetzung, wenn über eine kleine Öffnung über eine längere Zeitspanne der gesamte Tankinhalt ausläuft.

Tabelle 15: *Rahmenbedingungen – Freisetzungsart*

Randbedingung	Parameter	Relevanz	Info
Art der Freisetzung	Spontanfreisetzung	gering	Ausflusszeit gering
	kontinuierliche Freisetzung	hoch	Ausflusszeit hoch

6 Betriebszustände/Ereigniszustände der Tunnelanlage

Der bestimmende Parameter der Leckgröße lässt sich für den Bereich eines Unfalls (externe mechanische Beschädigung) nur unter sehr engen Rahmenbedingungen quantifizieren. Seitens des Fahrzeugbaues werden die Entleerungs- bzw. Befüllungseinrichtungen auf der rechten Fahrzeugseite (Beifahrerseite), ausgestattet mit Unterfahrschutz situiert. Somit ist beim Unfall mit einem Pkw in diesem Bereich (Autobahn – mehrspurig) mit einem Leck in diesem Bereich (Flanschabriss) ein mögliches Szenario.

6.5.3 Aggregatzustand »gasförmig«

Gasförmige Stoffe sind Stoffe, deren Siedepunkt unterhalb der normalen Umgebungstemperaturen liegt. Für die Betrachtung der gasförmigen Phase sind in erster Linie die Stoffeigenschaften und die Lochgröße des Austritts von entscheidender Bedeutung. Die einhergehenden Problemfelder wie Schädigung von Mensch und Tier, großräumige Ausbreitung von toxischen, schweren Gasen, das Vorhandensein von Gebäuden mit vielen Personen (z. B. Krankenhäuser, Schulen, Altersheime, Bürogebäude, große Wohnblöcke etc.) wie es in Großstädten oftmals aufgrund der Bebauung vorkommen kann.

Beispielhaft können hier Stoffe wie Chlor, Ammoniak, Chlorwasserstoff genannt werden. Des Weiteren können durch Kombination von Stoffen (z. B. durch die Mischung von zwei verschiedenen Behältern, die bei einem Unfall Leck geschlagen sind) hochgiftige Gase freigesetzt werden (z. B. Blausäure durch cyanidhaltige Salze und Säuren oder Natriumchlorid durch Salzsäure und Natriumchlorid) (vgl. ÖBFV (2012), Seite 18.).

Die Abschätzung der Immissionskonzentration in einer bestimmten Entfernung vom Austrittsort (Quelle) ist dabei ein vorrangiges Ziel, um weitere Maßnahmen seitens der Einsatzkräfte planen zu können. Dabei sind die Turbulenzen der Atmosphäre, Windgeschwindigkeit (Strömungsgeschwindigkeit), Wetterlage, Temperaturschichtung in der Atmosphäre, Struktur der Oberflächen, Hindernisse (Gebäude, Fahrzeuge etc.) und auch thermische Einwirkungen (z. B. hervorgerufen durch einen Brand) zu berücksichtigen (vgl. König et. al. (1999), Seite 63).

Die Abschätzung von Leckgrößen aufgrund von mechanischer Einwirkung durch große Fahrzeuge, Straßenbegrenzungselemente, Tunnelwände etc. ist aus der Literatur nicht ableitbar. Strohmeier, Brötz, Friedel, Schütz etc. gehen von Lochgrößen zwischen 1 mm² bis 900 mm² aus (ÖBFV (2012), Seite 19.).

6.5 Gefahrguteinsatz

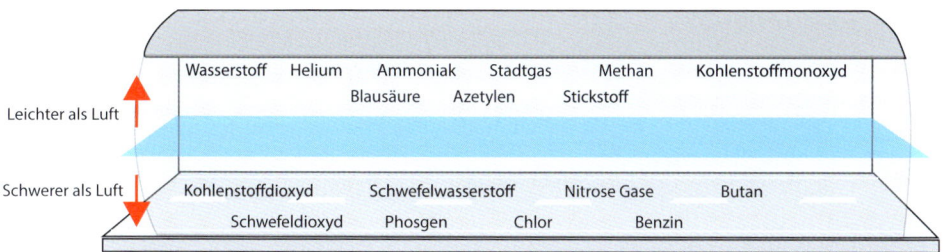

Bild 58: *Beispielzuordnung Gase*

Schwergase
Schwere Gase haben eine höhere Dichte als die Luft. Dabei handelt es sich fast ausschließlich um unter Druck verflüssigte Gase bzw. Gase, welche schwergasähnliches Verhalten aufweisen (z. B. Ammoniak). Aufgrund der Schwere des Gases erfolgt eine Schichtbildung unterhalb der Luft. Eine turbulente Durchmischung wird dadurch erschwert, wodurch eine bodennahe, flache Ausbreitung in Richtung des Gefälles stattfindet (König et. al. (1999), Seite 63). Diese Ausbreitung kann unter bestimmten Bedingungen auch gegen die vorherrschende Luftströmung stattfinden. Bei der unfallbedingten Freisetzung unterscheidet man zwischen brennbaren, toxischen, schweren Gasen usw.

Toxische Schwergase
Für die Gefährdungsbeurteilung sind die Wirkung auf den Organismus, Schädigung und Wirkungsweise (ätzend, Atemgifte, kanzerogen, mutagen, teratogen etc.), wie auch die erlaubten Grenzwerte heranzuziehen (König et. al. (1999), Seite 68). Der Einsatz mit Chemieschutzausrüstung ist unabdingbar.

Leichtgas
Die Dichte der Leichtgase befindet sich im Bereich der Luftdichte, bzw. ist geringer als die Luftdichte. Die Ausbreitung erfolgt durch Diffusion des Gases in die Umgebungsluft. Berechnungsverfahren basieren auf dem Gaußschen Ausbreitungsmodell. Wobei eine Durchmischung mit der Umgebungsluft zu immer geringeren Konzentrationen führt, das Gesamtvolumen (Gas-Luftgemisch) allerdings vergrößert wird.

6 Betriebszustände/Ereigniszustände der Tunnelanlage

Tabelle 16: *Rahmenbedingungen – Gase*

Randbedingung	Parameter	Relevanz	Info
Gas	Schwergas/Leichtgas	hoch	Ausbreitung
	toxisch/brennbar	hoch	

7 Einsatzbelastung CSA/Atemschutz

Gesetzliche Grundlagen, welche das Thema Tragen von Atemschutzgeräten aufgreifen, sind sowohl in den Arbeitnehmerschutzrichtlinien als auch in der Verordnung für die Gesundheitsüberwachung am Arbeitsplatz zu finden. Dabei werden grundsätzliche Anforderungen an den Geräteträger, die auf Basis der Herz-Kreislauf-Belastung beruhen, beschrieben. Eine maximale Tragedauer bzw. Einsatzdauer unter CSA wird dabei nicht angegeben. Der Einsatz eines Chemieschutzanzuges bedeutet Hochleistungseinsatz für den jeweiligen Feuerwehrangehörigen. Als Grund ist nicht nur der Anzug selbst anzusehen, viel gravierender ist das Ausatmen in den Anzug (es entsteht ein eigener Mikrokosmos im Anzug), was wiederum die Temperatur in sehr kurzer Zeit im Anzug steigen lassen kann und zu massiver Kreislaufbelastung führt. Die thermische Belastung des Körpers (nicht nur durch eine Brandquelle, auch durch das Sonnenlicht oder die Umgebungstemperatur) ist eine zu beachtende Einschränkungsquelle für den CSA-Einsatz. Ein Flüssigkeitsverlust ist dadurch vorprogrammiert. Vor dem Einsatz sollte viel Flüssigkeit in kleinen Mengen getrunken werden. Auch nach dem Einsatz ist das Trinken wichtig. Um den Körper wieder eine Kühlmöglichkeit zu bieten, ist nach dem Einsatz ein vollständiger Bekleidungswechsel sinnvoll. All diese genannten Parameter können zu Einsatzgrenzen, die sowohl durch die Zeitdauer als auch durch die physische und psychische Kondition beeinflusst werden, führen.

Vom Einsatz auszuschließen sind Personen, die eine Beeinträchtigung durch Alkoholkonsum aufweisen. Schwere Mahlzeiten sollten vor dem CSA-Einsatz ebenfalls vermieden werden. Als Anhaltspunkt für den Feuerwehreinsatzleiter, um die Eignung der CSA-Träger auf Einsatzfähigkeit zu überprüfen, können folgende Parameter herangezogen werden:

- Keine Infekte in den letzten zwei Wochen (vor allem keine in Verbindung mit Magen und Darm)
- Kein Raucher, kein Alkoholkonsum
- Keine Panikattacken, nicht älter als 50 Jahre

Einsätze mit CSA im Tunnel bedeuten auch aufgrund der eingeschränkten Fluchtmöglichkeit und dem geringen Sichtfeld eine hohe psychische Belastung. Dies sollte den Einsatzkräften normalerweise zumutbar sein, da sie öfters mit belastenden Ereignissen umgehen müssen. Bluthochdruck als Krankheit stellt, wenn diese medikamentös gut eingestellt ist, kein Ausschlusskriterium für einen CSA-Einsatz

7 Einsatzbelastung CSA/Atemschutz

dar, da im Laufe der Belastung der Blutdruck durch das Öffnen der Gefäße eher sinkt als steigt. Eine Steigerung erfährt nach längerer Belastung allenfalls die Herzfrequenz. Zusammengefasst kann folgende Aussage getroffen werden:

> **Merke:**
> Zielführend ist, die am besten trainierten Einsatzkräfte in einem möglichst kleinen Zeitfenster bei möglichst geringen Temperaturen zur Schadensbewältigung einzusetzen.

7.1 Versuche mit CSA-Trägern in Tunnelanlagen

Die Berufsfeuerwehr Linz hat sich im Jahr 2017 dem Thema der Mitarbeiterbelastung im CSA-Tunneleinsatz angenommen und mehrere Versuchsreihen durchgeführt. Dabei wurde die Belastung für die Träger ständig erhöht und Leistungsdaten daraus ausgewertet. In der ersten Phase soll eine Machbarkeit von langen Anmarschwegen nachgewiesen werden. Phase zwei beinhaltet Versuche, die mit der notwendigen Ausrüstung durchgeführt werden und die Voraussetzungen in einem Straßentunnel (Temperatur, Belastung usw.) beinhalten. In Phase drei werden diese Versuche in einem Straßentunnel durchgeführt und somit die praktische Machbarkeit in einer annähernden Echtsituation evaluiert.

Tabelle 17:

Lfd. Nr.	Twin-pack	CSA	Schläuche	Steigung	Info
1	X				Vorversuche, um die Machbarkeit zu prüfen
2	X	X			2 × 500 m im Freibereich
3	X	X	X		2 × 500 m im Freibereich
4	X	X			2 × 500 m auf dem Laufband
5	X	X	X		2 × 500 m auf dem Laufband
6	X	X		X	2 × 500 m im Freibereich mit Steigung
7	X	X	X	X	2 × 500 m im Freibereich mit Belastung und Steigung
8	X	X			Test Mona-Lisa-Tunnel

7.1 Versuche mit CSA-Trägern in Tunnelanlagen

Mit Szenario 1 hat eine Überprüfung der Machbarkeit stattgefunden. Genaue Werte sind hier für das vorliegende Problem des Anmarsches nicht zu verwenden bzw. sind diese nicht relevant. Ein weiteres Eruieren der Grenzwerte ergab Szenario 2. Die ersten Aussagen zu Problemen (ist ein Anmarsch bei einem Tunneleinsatz machbar?) konnten dargestellt werden. Der Luftverbrauch aus diesem Szenario ließ darauf schließen, dass auch bei höheren Belastungen der Anmarsch zum Einsatzort möglich sein kann. Mit Szenario 3 ist Material und Gerät an die Einsatzstelle gebracht worden. Dies ist als Steigerung der körperlichen Belastung zu sehen, da das Gewicht, welches jeder Träger von CSA mit dem Körpergewicht mittragen muss, hier am höchsten ist. Mit Szenario 4 und 5 hat als weiterer Faktor die Steigung Einzug in die Testreihe erhalten, um zu simulieren, dass der Anmarsch über eine Steigung im Tunnel erfolgen kann.

Der Anmarschversuch am Laufband hat sich als sehr kompliziertes Verfahren zur Ermittlung der Daten gezeigt. Zum einen ist die Geschwindigkeit, welche jeder CSA-Träger normalerweise selbst wählen kann, nicht gegeben. Zum anderen war die seitliche Begrenzung beim Tragen von Lasten (sehr geringe Breite des Laufbandes aufgrund der Handgriffe, welche seitlich montiert sind) sehr unangenehm und führte zu zusätzlichen Anstrengungen. Des Weiteren wurde zwischen den ersten Durchgängen Szenario 4 und 5 von den Probanden nur eine kurze Erholungspause (ca. eine Stunde) durchgeführt. Daraus hat sich eine zusätzliche Belastung (Erschöpfungszustand aus den vorherigen Versuchen) durch die vorab durchgeführten Tests ergeben. Um Szenario 4 und 5 zu verifizieren, wurde mit Szenario 6 und 7 derselbe Anmarschweg durchgeführt.

Im Außenbereich wurde der Anmarschweg mit einer Steigung von 5 % sowie einer Länge von 500 m und der Rückmarsch von 500 m mit einem Gefälle von 5 % durchgeführt. Mit diesen Parametern ist man sehr nahe an der Realität der Bedingungen in einem Straßentunnel. Die Belastungen für den CSA-Träger erhöhten sich durch das Überwinden von Steigungen und Transportieren von Lasten erheblich. Ersatzmaßnahmen, vor allem für den Transport von Ausrüstungsgegenständen, sollten überlegt werden.

Bild 59 bildet aus dem jeweiligen Anmarschversuch den Mittelwert des Flaschendruckes während den zurückgelegten Wegstrecken. Die Auswertung dieser Daten erlaubt die Aussage, dass der Atemluftverbrauch während des CSA-Anmarsches sowie die mitgeführte Atemluftmenge nicht die limitierenden Faktoren für einen Einsatz unter Schutzstufe III mit langen Anmarschwegen darstellen.

7 Einsatzbelastung CSA/Atemschutz

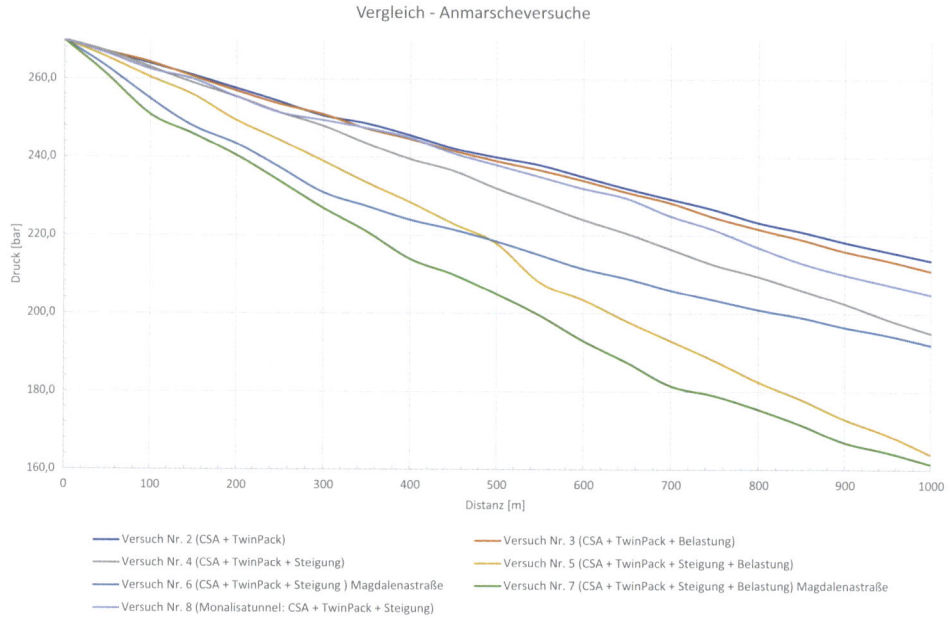

Bild 59: *Anmarschversuche – p/s-Verlauf-Mittelwerte*

Tabelle 18 gibt abseits der Ergebnisse aus den Anmarschversuchen die Belastungen in Verbindung mit den Auswirkungen und mögliche Bewältigungsmethoden für CSA-Träger wieder. Die körperliche Belastung von CSA-Trägern ist als sehr hoch anzusehen. Durch starkes Schwitzen und das subjektive Wärmegefühl wird das Tragen des CSA als sehr belastend empfunden. Darum sollte das Einsatzpersonal auf gesunde Mitarbeiter im mittleren Lebensalter begrenzt werden. Man sollte immer auf einen ausgeglichenen Flüssigkeitshaushalt achten und deshalb vor jedem Einsatz die Flüssigkeitszufuhr einplanen. Aufgrund demografischer Entwicklungen lässt sich nicht ausschließen, dass auch ältere Einsatzkräfte (Stichwort: Tageseinsatzbereitschaft) eingesetzt werden müssen, die grundsätzlich eine höhere Gefahr von Herz-Kreislauferkrankungen aufweisen (vgl. ASU (2014).

Feldversuche weisen einen kontinuierlichen Körpertemperaturanstieg und Anstieg der Herzfrequenz bei gleichbleibender Leistung auf, was auf die fehlende Möglichkeit des Wärmeaustausches durch Schwitzen zurückzuführen ist. Der Blutdruck sank während des Feldversuches durch die Weitstellung der Hautgefäße. Der Flüssigkeitsverlust betrug bis zu 1 000 ml/h während den Versuchen. Durch die

7.1 Versuche mit CSA-Trägern in Tunnelanlagen

Kombination von Hitze und Dehydration wirkt sich die Situation auf die mentale Leistungsfähigkeit (Fehler, Unaufmerksamkeit etc.) aus (vgl. ASU (2014)). Nicht dargestellt werden konnte die psychische Belastung, welche sich aus der Einsatzsituation ergibt.

Die Beständigkeit der Schutzanzüge gegen Chemikalien ist im Einsatzfall für die Tragezeit von großer Bedeutung. Möglicherweise sind dadurch ein Rückmarsch und eine notwendige Dekontamination der Träger nur unter geringen Zeitreserven durchführbar, ohne dass eine Wirkung auf den Träger durch einen in Mitleidenschaft gezogenen Anzug (z. B. Loch im Anzug durch Reaktion des Anzugmaterials mit dem ausgetretenen Stoff) eintritt (BRANDSchutz (2017), Seite 1012).

Tabelle 18: *Belastungen für den CSA-Träger*

Belastung	Auswirkung	Bewältigung
Wärmestau	- Kreislaufprobleme - Herzschlag - Übelkeit	- geeignete CSA-Träger einsetzen - geeignete Unterbekleidung tragen - Einsatzzeit begrenzen
Gewicht	- Atemkrise - Übelkeit - Schwäche	- geeignete CSA-Träger einsetzen - kontrolliert atmen - Einsatzzeit begrenzen
Sichtbehinderung	- Unsicherheit - Unfallgefahr	- Oberkörper mitbewegen - Antibeschlagmittel einsetzen - Sichtscheibe reinigen
Akustische Probleme	- Unfallgefahr - kein geregelter Einsatz möglich	- Funkgerät für jeden CSA-Träger - Funkprobe vor dem Schließen des CSA - Funkgerät richtig anbringen - Handzeichen
Psychische, physische Probleme	- Unsicherheit - Platzangst - Fehlverhalten - Überforderung	- geeignete CSA-Träger - regelmäßig üben - Notsituationen trainieren

7.2 Limitierende Faktoren

Als limitierende Faktoren für den Einsatz von CSA bzw. CSA-Trägern können folgende Punkte betrachtet werden:
- Es liegt keine passende Ausrüstung (Normgrößen an Stiefel, die fix am CSA angebracht sind) vor.
- Ein mehrmals aufeinanderfolgender Einsatz der gleichen CSA-Träger sollte genauestens geprüft werden, die Belastung der Träger ist sehr hoch.
- Die thermische Belastung durch den Schutzanzug ist sehr hoch (Luftaustausch im Anzug ist gering, Anzugkühlung vorteilhaft).
- Die Einwirkdauer von gefährlichen Stoffen auf den Anzug wird länger (Anmarsch-, Abmarschwege sind zeitlich länger) – Beständigkeit der verwendeten Schutzausrüstung muss beachtet werden.
- Die psychische Belastung ist aufgrund der Containmentstruktur des Tunnels hoch.
- Vorerkrankungen, Alkoholkonsum, körperliche Konstitution sowie Alter können einen CSA-Träger vom Einsatzgeschehen ausschließen.
- Der Transport von zusätzlich notwendigen Ausrüstungsgegenständen (Auffangbehälter, Schläuche etc.) ist Schwerstarbeit mit dieser Schutzausrüstung.

7.3 Vergleich Freibereich und Straßentunnel

Auf der freien Fläche besitzen die Einsatzkräfte großen Erfahrungsschatz, um Interventionen durchführen zu können. Meist direkte Sicht, kurze Wege, gut funktionierende Kommunikation sind dabei die Eckpunkte eines erfolgreichen Einsatzes. Im Falle eines Atemschutznotfalles ist schnelle Hilfe garantiert. Das Transportieren von Ausrüstungsgegenständen (Geräte, Materialien etc.) über kurze Distanzen ist meist in einem durch die anwesende Mannschaft in der Sicherheitszone vormontierten Zustand (Pumpen, Schläuche, Erdung etc. bereits montiert) ohne größere Probleme möglich (siehe Tabelle 19).

Im Zuge von Schadstoffeinsätzen in Straßentunnelanlagen sind seitens der Einsatzkräfte kaum Erfahrungen vorhanden. Die hohen Belastungen der Einsatzkräfte (physisch und psychisch) wie auch das Fehlen von Hilfsmöglichkeiten in angemessener Zeit bei Eigenunfällen sowie technische Lösungen für den Transport von an der Einsatzstelle notwendigen Elementen machen den Einsatz sehr schwierig – aber nicht unlösbar.

7.3 Vergleich Freibereich und Straßentunnel

Tabelle 19: *Vergleich Anmarsch über längere Wegstrecken*

Anmarsch über lange Wegstrecken			
	Straßentunnel	Freibereich	Info
Physische Belastung	sehr hoch	hoch	
Psychische Belastung	sehr hoch	hoch	
Thermische Belastung	sehr hoch	sehr hoch	Anzuginnentemperatur bis 37 °C im Tunnel möglich, Freibereich d. Sonnenbestrahlung höher
Wegstrecke	bis zu 500 m	< 100 m	
Containment	ja	nein	
Eigenrettung/Selbstrettung	eingeschränkt möglich	möglich	im Tunnel mit Zeitverzögerung möglich
Transport von Ausrüstung	eingeschränkt möglich	möglich	alternative Transportmöglichkeiten müssen evaluiert werden
Schadstoffeinwirkung auf den Schutzanzug	längere Zeit als Freibereich	kurze Zeit	

Bild 60: *CSA-Einsatz in einer Tunnelanlage (Quelle: Berufsfeuerwehr Linz (2017): Übung Monalisatunnel)*

8 Einsatztaktik

8.1 Führung im Einsatz

Im Kapitel Einsatztaktik werden die Vorgehensweisen bei einem Einsatz im freien Bereich einer Intervention in einer Straßentunnelanlage gegenübergestellt. Daraus können abweichend zu den bereits etablierten Lösungsansätzen für diesen Einsatzfall Einsatzregeln abgeleitet werden.

Praxistipp:
Es ist nicht sinnvoll für den Tunneleinsatz eine komplett eigene Vorgangsweise zu entwickeln. Aufbauend auf bestehenden Taktiken bei der Brandbekämpfung (z. B. der Verteilerangriff) oder auch beim Verkehrsunfall mit Menschenrettung sowie Vorgangsweisen aus dem Schadstoffeinsatz sollen übernommen und gegebenenfalls um Notwendiges angepasst bzw. erweitert werden (z. B. Single Atemschutzgerät durch TwinPack Atemschutzgerät ersetzen). Jede Abweichung impliziert einen zusätzlichen Ausbildungsbedarf.

8.1.1 Führung allgemein

Einsätze der Feuerwehr stellen meist (aufgrund der Komplexität, der Größe, der Dynamik, der Lage und der zu bewältigenden Gefahr) eine äußerst schwierige Aufgabe für das Führungspersonal dar. Intransparente Situationen mit wenigen Informationen gehören dabei zur Tagesordnung. Es müssen Systematiken und Führungsgrundsätze eingehalten werden, damit die Arbeit bei Schadensereignissen effizient und reibungslos abläuft (vgl. Kemper (2013), Seite 49). Je nach Einsatzsituation steht dem Einsatzleiter Führungspersonal zur Unterstützung zur Verfügung, das Aufgaben im operativen Teil (z. B. Einsatzabschnittsleitung) oder auch für Hilfsdienste (Versorgung mit Material, Verpflegung, Personal etc.) durchführen kann.

Für Einsätze auf Katastrophenebene sind Stabsfunktionen sowie Sachgebiete zur Unterstützung des Einsatzleiters vorgesehen. Diese können je nach Notwendigkeit besetzt werden. Der Stab (siehe Bild 61) untergliedert sich in die Bereiche Einsatz (S2 – Lage, S3 – Einsatz), Einsatzunterstützung (S1 – Personal, S4 – Versorgung) und Führungsunterstützung (S5 – Öffentlichkeitsarbeit, S6 – Kommunikation). Darüber hinaus können noch Fachgruppen, welche zur Beratung herangezogen werden können, hinzukommen (vgl. SKKM (2006), Seite 39).

8.1 Führung im Einsatz

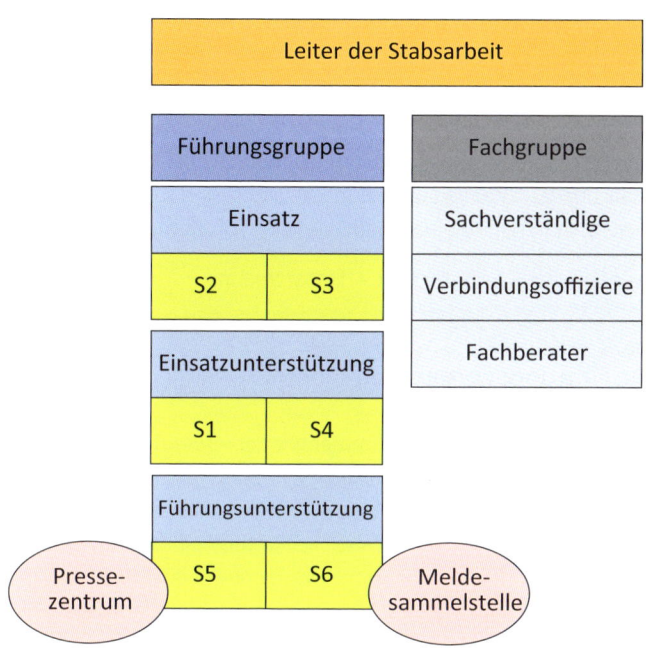

Bild 61: *Gliederung des Stabes (vgl. SKKM (2006), Seite 39, Bild 1)*

8.1.2 Der Einsatzleiter

Der Einsatzleiter ist für die gesamtheitliche Führung des Einsatzes und somit aller ihm unterstellten Einsatzkräfte zuständig und trägt die Verantwortung für den Einsatzerfolg. Des Weiteren obliegt ihm die Kommunikation mit Behörden, Vertretern von Firmen, anderen Einsatzorganisation, dem Militär und weiteren, an der Situation beteiligten Parteien und Organisationen. Seine direkten Befugnisse können sich je nach rechtlichen Gegebenheiten unterscheiden. Bei allen Einsätzen ist die Verhältnismäßigkeit abzuwägen, d. h. man sollte nicht »mit Kanonen auf Spatzen schießen« und somit seine Entscheidungen wohl überlegen, da diese möglicherweise ein Nachspiel haben können. Dabei sind folgende Punkte zu beachten (vgl. Kempter (2013), Seite 53 f.):

- Sind die eingesetzten Mittel geeignet?
- Sind die Maßnahmen im gesetzlichen Rahmen?

8 Einsatztaktik

- Führen die gesetzten Maßnahmen zu einem größeren Schaden oder einer anderweitigen Gefahr?
- Führen die Maßnahmen zu einem Einsatzerfolg?

Dabei setzt der Einsatzleiter die vorhandene Technik zur richtigen Zeit, am richtigen Ort, mit den zur Verfügung stehenden Einsatzkräften in bestimmten Handlungsweisen (Einsatztaktik) zur Gefahrenabwehr ein (vgl. Kempter (2013), Seite 12).

Gefahrenabwehr = Einsatztaktik + Einsatztechnik

8.1.3 Der Führungsvorgang

Mit dem Führungsvorgang wird ein immer wiederkehrender, gleichlaufender, dynamischer Denk- und Handlungsvorgang beschrieben. Er dient zur Lagefeststellung, Planung und Beurteilung und führt zu einem Entschluss und weiters zur Befehlsgebung. Mit dieser Vorgangsweise ist die Einflussnahme auf den Einsatzverlauf garantiert und gewährleistet eine immer wiederkehrende Evaluierung und Anpassung der gesetzten Handlungen aus der sich entwickelnden Lage (vgl. FwDV 100 (1999), Seite 6).

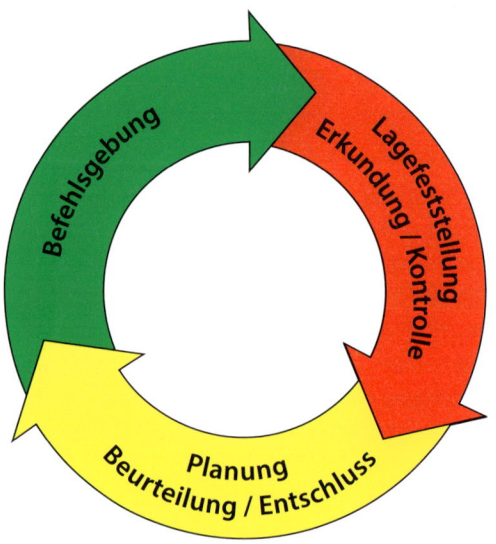

Bild 62: *Der Führungsvorgang*

8.1 Führung im Einsatz

Bild 62 bildet den Führungsvorgang ab. Dieser kann von allen Ebenen der Einsatzkräfte (Gruppenkommandant, Zugskommandant usw. bis zum Einsatzleiter) angewendet werden. Einsatzsituationen, welche in der Erstphase keine ausreichende Erkundung der Lage, aber eine umgehende Handlung erfordern, sind denkbar (z. B. unmittelbar notwendige Menschenrettung). Im Falle einer solchen Situation muss zeitnah der Führungsvorgang mit der Erkundung weiterverfolgt werden (vgl. FwDV 100 (1999), Seite 25 f.).

Lageerkundung

Die Lageerkundung ist die erste Phase des Führungsvorganges. Dabei werden die Grundlagen für die Entscheidungsfindung gesammelt. Weiters werden neben den Daten der Schadenlage auch die eigenen, zur Schadensabwehr vorhandenen Ein-

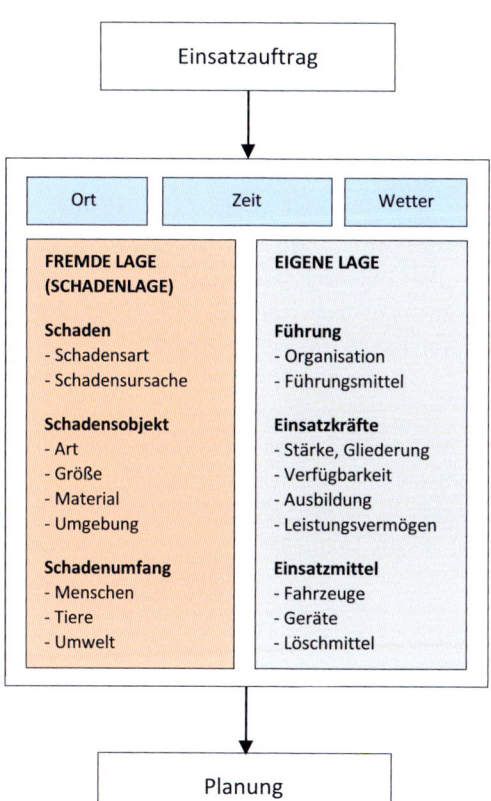

Bild 63: *Lagefeststellung (vgl. FwDV 100 (1999), Seite 27, Bild 5)*

8 Einsatztaktik

satzkräfte, das Wetter, die Uhrzeit und der Ort als Basis in die Lageerkundung mit eingeschlossen (siehe Bild 63). Die Lageerkundung bestimmt nachhaltig die Maßnahmen der Gefahrenabwehr. (siehe Kapitel 8.2.6 Situation erkunden – Schadenlage)

Planung
Die Auswertung der im Zuge der Lageerkundung gewonnenen Informationen erfolgt in der Planungsphase. Dabei werden Vor- und Nachteile von Maßnahmen zur Gefahrenabwehr und Schadensbeseitigung abgewogen. Die eigene Lage (vorhandene Ressourcen sowie Ort, Wetter, Uhrzeit) wie auch die fremde Lage (Schadenssituationen – bei der Lageerkundung aufgenommene Informationen) werden dabei in die Beurteilung aufgenommen.

Entscheidung
Der Einsatz der vorhandenen Ressourcen zur Schadensabwehr auf Basis der Erkundung und Planung wird als Entscheidung bezeichnet. Folgende Punkte sind zu berücksichtigen:
- durchzuführende Maßnahmen
- eigene Kräfte und Mittel

Dabei müssen vom Einsatzleiter – trotz oftmalig ungenügender Informationen – Entscheidungen gefällt werden. Erst nach wiederholten Durchläufen des Regelkreises wird die Information immer genauer. Die Maßnahmen können darauf immer feiner abgestimmt werden (vgl. FwDV 100 (1999), Seite 33).

Befehlsgebung
Die Befehlsgebung ist die Anordnung an die Einsatzkräfte, vorher abgewogene Maßnahmen zur Gefahrenabwehr und Schadensbeseitigung mit den zur Verfügung stehenden Mitteln zielgerichtet und effizient nach dem Entschluss des Einsatzleiters umzusetzen (vgl. FwDV 100 (1999), Seite 33).

8.1 Führung im Einsatz

Bild 64: *Befehlsgebung*

8.1.4 Relevante Organisationen

Einsätze mit speziellen Lagen, wie etwa der Einsatz in Tunnelanlagen, werden nicht von der Organisation Feuerwehr alleine abgearbeitet. Es sind eine große Zahl an Behörden, Organisationen und Mitwirkenden zu nennen, die an der Lösung des Problems beteiligt sind (siehe Tabelle 20). Um die Einsatzsituation zielführend abarbeiten zu können, müssen diese bestmöglich zusammenarbeiten. Dies beginnt mit bzw. bei einer gemeinsamen Einsatzleitstelle oder einer gemeinsamen Absprache zu bestimmten Zeitpunkten oder Orten, geht über die einheitliche, gemeinsame Kommunikation bis hin zur Erteilung gegenseitiger Aufträge. Je reibungsloser dies funktioniert und je mehr man sich gegenseitig unterstützt, desto effektiver ist der Einsatz einer jeden Organisation, Behörde etc.

8 Einsatztaktik

Tabelle 20: *Beteiligte Organisationen*

Freibereich	Straßentunnel
örtlich zuständige Feuerwehr	örtlich zuständige Feuerwehr
Polizei	Polizei
Rettungsdienst/Notarzt/Rettungshubschrauber	Rettungsdienst/Notarzt/Rettungshubschrauber
Gefährliche-Stoffe-Stützpunkte Feuerwehr	Gefährliche-Stoffe-Stützpunkte Feuerwehr
	Tunnel Stützpunkte Feuerwehr
Bezirksverwaltungsbehörde	Bezirksverwaltungsbehörde
Fachberatung (TUIS)	Fachberater (TUIS)
Betriebspersonal	Straßentunnelbetreiber
Anrainer	Anrainer

8.1.5 Grundlagen des Einsatzes

Feuerwehren arbeiten bei vielen Einsatzlagen mit Merkregeln, um mit der vorhandenen Einsatzmannschaft (welche immer fluktuiert) einen hohen Qualitätsstandard bieten zu können. Dabei laufen Einsatzszenarien in den Grundzügen gleich ab. Im Folgenden werden einige dieser Grundlagen dargestellt, wobei nicht nur Regeln, sondern auch Merksätze aufgeführt werden, die für den Einsatz in Straßentunnelanlagen von Relevanz sind.

- Abarbeitung der GAMS-Regel
- Abarbeitung der 4-A-Regel
- Abarbeitung der ACE-Regel
- Windeinfluss beachten
- Weitere Folgeereignisse beachten (Panik, Stau, Wirkung auf Dritte etc.)
- In der Gefahrenzone nur unbedingt notwendige Ressourcen einsetzen
- Passende Schutzausrüstung verwenden
- Kontakt mit Stoff vermeiden, Zündquellen fernhalten
- Kontaminationsverschleppung so gering wie möglich halten
- Essen, Trinken, Rauchen ohne vorherige Dekontamination vermeiden
- Passende Löschmittel verwenden
- Brandschutz gewährleisten

8.1 Führung im Einsatz

8.1.5.1 GAMS-Regel

Die GAMS-Regel wurde in ihrer Urform als GAS-Regel vom Branddirektor in Ruhe der Berufsfeuerwehr Graz Dr. Otto Widetschek im Jahr 1978 entwickelt. Im Laufe der Zeit wurde diese zur GAMS-Regel erweitert. Vorwiegend für Einsätze mit gefährlichen Stoffen, aber auch auf alle anderen Einsatzgebiete der Feuerwehr erweiterbar, bietet diese einen elementaren Grundbestandteil der Taktik. Tabelle 21 beschreibt die als Gedächtnisregel konzipierte GAMS-Regel.

Tabelle 21: *GAMS-Regel*

G	Gefahr erkennen
A	Absperrung durchführen
M	Menschenrettung
S	Spezialkräfte anfordern

Gefahr erkennen

Das Erkennen der Gefahren und das Setzen von Schwerpunkten bildet die Grundlage jedes Einsatzes. Dabei ist primär das Einsetzen der körperlichen Sinne (sehen, hören, riechen, schmecken, fühlen) notwendig. Unterstützt durch technische Hilfsmittel (z. B. Kameras, Fernmesssysteme etc.) ergibt dies ein Lagebild. Zur Planung der Maßnahmen wird auf das vorhandene Wissen, auf Datenbanken und auf Informationen Dritter zugegriffen. Die 5A-1C-5E-Regel (siehe Tabelle 22) darf dabei nicht außer Acht gelassen werden (vgl. Blaulicht (2006), Seite 19 f.).

Absperrung durchführen

Absperrmaßnahmen sind die wichtigsten Tätigkeiten in der frühen Phase eines Einsatzes. Dabei kann dies nicht nur das Absperren des Geländes und somit die Einteilung des Bereiches in Gefahrenzone (Wirk- und Sicherheitszone) und Bereitstellungszone umfassen. Durchgeführte Absperrungen beinhalten auch das:

- Verhindern des weiteren Auslaufens von Flüssigkeiten (z. B. durch Abdichten, Unterstellen etc.)
- Niederschlagen von Dämpfen und Gasen
- Festlegen eines Dekontaminationsplatzes
- Herstellen des Brandschutzes
- Auffordern der Bevölkerung, Fenster zu schließen oder Gebäude zu verlassen (Räumung usw.)

8 Einsatztaktik

- Abdecken von Kanaleinläufen, Schächten etc.
- Druckbelüften von Gebäuden, um das Eindringen von Gasen zu vermeiden usw. (vgl. Blaulicht (2006), Seite 20)

Menschenrettung durchführen
Die Menschenrettung hat bei jedem Einsatz Priorität. Dabei ist es in sehr vielen Fällen möglich, in der Erstphase unter Berücksichtigung des Eigenschutzes, der Kontamination, der Kontaminationsverschleppung und Anwendung grundsätzlicher Schutzmaßnahmen (z. B. Sofortdekontamination, umluftunabhängiges Atemschutzgerät, Chemieschutzstiefel, Chemieschutzhandschuhe im Falle einer Intervention im Zuge eines Gefährliche-Stoffe-Einsatzes unter Beachtung der 4-A-Regel) eine gezielte Menschenrettung durchzuführen. Der gerettete Mensch ist allenfalls »notdekontaminiert« und dem Rettungsdienst zu übergeben. Ist dieser noch nicht vor Ort, sind Erste-Hilfe-Maßnahmen ein weiterer Bestandteil des Punktes »Menschenrettung« (vgl. ABC-Gefahren-Blog (2009).

Spezialkräfte anfordern
Die oben genannten Phasen (Gefahr erkennen, Absperren, Menschenrettung) der GAMS-Regel können von jeder Feuerwehreinheit – wenn auch mit Einschränkungen – durchgeführt werden. Für weitere Maßnahmen, welche aufgrund des zu verwendenden Schutzgrades (Schutzanzug etc.) oder den vorhandenen Ressourcen (Spezialpumpen, Langzeitatemschutzgeräte usw.) oder auch aufgrund von fehlenden Informationen nicht durchgeführt werden können, bedarf es spezieller Kräfte, u. a.:

- Feuerwehr: Gefährliche-Stoffe-Fahrzeuge, Öl-Einsatzfahrzeug, Atemschutzfahrzeuge
- Personal: Chemiefachberater, fachkundiges Betriebspersonal, Physiker, Biologen
- Fremdelemente: Sachverständige, Behörden, Exekutive (vgl. Blaulicht (2006), Seite 20)

Die Nachalarmierung von Spezialkräften sollte allenfalls zeitnah erfolgen, da die Zeit bis zum Eintreffen am Einsatzort unter anderem bei weiten Anfahrtswegen, oder wenn diese keine Bereitschaften vorhalten, erheblich sein kann.

Vergleich Freibereich und Straßentunnel
In Bezug auf die technischen Spezialkräfte (Gefahrgutexperten, TUIS, Feuerwehr) ist kein Unterschied zum Einsatz im Freibereich gegeben. Experten für strukturelle

8.1 Führung im Einsatz

Angelegenheiten (Statiker) bei Wirkungen durch chemische oder thermische Faktoren auf das Tunnelkonstrukt hinzuzuziehen, ist im Freibereich nicht notwendig und für den Einsatz in der Erstphase meist auch nicht zwingend erforderlich. Einwirkzeiten auf das Tunnelbauwerk sind nach längerer Zeit oder bei der Wiederinstandsetzung von Bedeutung. Im Falle eines Brandes wird man sich auf die eigenen Wahrnehmungen (Verbiegen von Decken bei Lüftungskanälen, Abplatzungen etc.) stützen müssen. Statiker werden dabei auch nicht zum Einsatz kommen können, da dies an der Brandstelle bei der Schadensbekämpfung aus Sicherheitsgründen meist nicht möglich ist.

8.1.5.2 5A-B C-5E-Regel

Bezeichnet man den Feuerwehreinsatz als Gefahrenabwehr, so ist davon auszugehen, dass zumindest eine Gefahr an der Einsatzstelle vorhanden ist. Die Art und der Umfang dieser Gefahr richtet sich nach dem Schadensszenario, wobei dieses sehr vielfältig sein kann. Um mit Gefahren arbeiten zu können, müssen diese im ersten Schritt erkannt werden. Nach dem Erkennen kann durch verschiedene Maßnahmen (z. B. Verwenden von Schutzmaßnahmen oder mittels taktischen Vorgangsweisen) darauf reagiert werden. Die Gefahren können wie folgt unterteilt werden:
- Fehlverhalten von Einsatzkräften
- Verhalten von geschädigten und betroffenen Personen
- defekte Einsatzmittel
- Einsatzstelle selbst (vgl. Knorr (1993), Seite 11 ff.)

Das Fehlverhalten der Einsatzkräfte kann durch vorbeugende Schulungen auf einem sehr geringen Niveau gehalten werden. Auf die drei letzten Punkte kann nur reagiert werden, da Gefahren an der Einsatzstelle in einem fast unendlichen Maß vorhanden sind und somit jede Einsatzkraft zu jeder Gefahrenlage unterwiesen werden müsste (vgl. Knorr (1993), Seite 11 ff.). Sinnvoll ist es jedenfalls immer Truppweise zu arbeiten und bei größeren Ereignissen eine hochrangige Einsatzkraft als »Safety Officer« oder »Sicherheitsassistenten« einzusetzen, die sich hauptsächlich um das Thema »Sicherheit der Einsatzkräfte« kümmert.

Zur Unterstützung vor allem im Bereich der Einsatzleitung kann die 5A-1B-1C-5E-Regel angewendet werden, um Gefahren nicht außer Acht zu lassen. Dies unterstützt somit die Entscheidungsfindung für eine taktisch richtige Maßnahme (siehe Tabelle 22) (vgl. Graeger, Arvid et. al. (2009), Seite 55 ff.).

8 Einsatztaktik

Tabelle 22: *5A-B-C-5E-Regel*

A	Atemgifte
A	Angstreaktion
A	Ausbreitungsgefahr
A	Atomare Strahlung
A	Absturz
B	Biologische Stoffe
C	Chemische Stoffe
E	Ertrinken
E	Explosion
E	Erkrankung/Verletzung
E	Einsturz
E	Elektrizität

8.1.5.3 4-A-Regel

Die 4-A-Regel (siehe Tabelle 23) greift nahtlos in die GAMS-Regel, wenn ein Einsatz in der Gefahrenzone durchgeführt werden muss. Diese beinhaltet Verhaltensanweisungen für die Einsatzkräfte und gilt sowohl für den Einsatz bei gefährlichen Stoffen wie auch bei Brandeinsätzen oder Technischen Hilfeleistungen.

Tabelle 23: *4-A-Regel*

A	Abstand
A	Aufenthaltszeit
A	Abschirmung
A	Atemschutz

Abstand
Der Abstand zu den Gefahrenquellen ist möglichst groß zu halten. Vor allem bei Gefahrgutunfällen unter Beteiligung von Material mit ionisierender Strahlung kommt das quadratische Abstandsgesetz zur Anwendung. Damit soll die Aufnahme von Strahlung möglichst gering gehalten werden.

8.2 Entscheidungskriterien

Aufenthaltszeit
Die Zeit, die in einer Exposition von Schadstoffen zugebracht wird, sollte möglichst kurz gehalten werden. Die Konzentration der Schadstoffe im Körper und auch auf etwaiger Schutzausrüstung wird mit zunehmender Einwirkdauer höher. Bei Vorhandensein von atomaren Schadstoffen ist die Aufenthaltszeit ein wichtiger Punkt des Selbstschutzes. Durch die meisten Schutzanzüge werden A-Gefahren nicht ausreichend abgeschirmt. Ist trotz unzureichender Ausrüstung ein Einsatz notwendig, ist die Aufenthaltszeit zu minimieren.

Abschirmung
Bei strahlenden Gefahrstoffen oder auch bei direkter Einwirkung auf Material, Menschen etc. (z. B. Arbeiten direkt unter einer Austrittsquelle) sollte eine Abschirmung vorgesehen werden. Arbeiten sollen weitestgehend in der Deckung durchgeführt werden. Geeignete Schutzausrüstung (Spritzschutz, chemikaliendicht, Schutz gegen Verstrahlung) ist zu verwenden (mindestens Schutzstufe I).

Atemschutz
Zum Schutz gegen Aufnahme von Schadstoffen über den Körper und auch um in nicht atembare Atmosphären vordringen zu können, sind Atemschutzgeräte (umluftabhängig, umluftunabhängig) zu tragen (FKS (2014), Seite 2.010).

8.2 Entscheidungskriterien

Der gesamte Ablauf des Einsatzes basiert auf der in den Abschnitten »Führung im Einsatz (Einsatztaktik)« und »Grundlagen des Einsatzes« beschriebenen Regeln. Diese Regeln laufen parallel, wie auch sequentiell (nacheinander) ab. Diverse Elemente daraus können sich wiederholen oder aber auch weggelassen werden, je nachdem, wie sich eine Situation entwickelt. Im folgenden Kapitel wollen wir uns relevante Punkte beim Tunneleinsatz näher ansehen, die die Entscheidung des Einsatzleiters maßgebend beeinflussen können.

8.2.1 Detektion – Alarmierung

Die Gefahren- oder Ereignisdetektion in einem Straßentunnel ist sehr weit fortgeschritten. Auf der Seite der technischen Einrichtungen sind Videoüberwachungssysteme, akustische Überwachungssysteme, Stauerkennung, Wärmemeldekabel,

Messung von Trübsicht und CO-Gehalt die Hauptkomponenten für die Erkennung. Dem Tunnelnutzer selbst stehen Notrufnischen, Ereignistaster, aber auch das selbst mitgeführte Mobiltelefon (wenn vorhanden) zur Verfügung. Die Detektion eines Produktaustrittes mit den Möglichkeiten des Tunnelbauwerkes ist dabei allerdings schwierig, da die wichtigste Information, nämlich Informationen über das transportierte Produkt, über die Bezettelung des Fahrzeuges in Erfahrung gebracht werden muss.

Wird eine Alarmierung der Einsatzkräfte über die im Tunnel vorhandenen Systeme vom Nutzer durchgeführt (z. B. durch einen Notruftaster oder die Telefonanlage in der Notrufnische, Entnehmen eines Feuerlöschers usw.), erhält der Tunnelbetreiber sofort eine Information, dass in der Anlage ein Störfall vorliegt (Meldungen in der Tunnelzentrale), da diese Einrichtungen immer einen Alarm in der Tunnelüberwachungszentrale auslösen. Bei Alarmierung über Drittsysteme (z. B. über das Mobiltelefon) bekommt die Tunnelüberwachungszentrale dies nur per Zufall oder erst durch Kommunikation mit den Einsatzkräften mit. Des Weiteren werden keine automatischen Schaltungen (z. B. Geschwindigkeitsreduktion, Ampelschaltungen) durchgeführt.

Dabei beginnt die Problematik an sich bei der Frage, ob es sich um einen »normalen« Verkehrsunfall handelt, oder ob dabei gefährliche Stoffe aus den involvierten Fahrzeugen austreten. Zusätzlich können ihre Antriebsarten (ggf. alternative Antriebe wie Elektro, Wasserstoff, Hybrid), ihre Bauart oder Ladung zur Gefahr der ohnehin schon komplexen Situation bei Unfällen in einem Straßentunnel beitragen. Hierbei ist man auf die Erkenntnisse aus der Videoüberwachungsanlage oder auch auf die Aussagen von Tunnelbenutzern angewiesen, um gleich zu Einsatzbeginn die richtigen Maßnahmen einleiten zu können.

Aufbauend auf diese sehr vagen Informationen kann seitens der Einsatzkräfte eine weitere Erkundung einerseits durch das eigene Personal im Tunnel als auch durch die Detektionssysteme der Straßentunnelanlage durchgeführt werden.

Vergleich Straßentunnel und Freibereich
Im Straßentunnel ist aufgrund der meist fehlenden direkten Erkundungsmöglichkeit (direkten Sicht zum Einsatzort) die Informationsgewinnung für die Einsatzkräfte nur über Drittsysteme und Aussagen von Tunnelnutzern bzw. der Tunnelüberwachungszentrale möglich. Eine direkte Detektion oder Erkundung ist dabei meist ausgeschlossen. Eine Konzentrationsmessung kann allenfalls bei Entlüftungsöffnungen, Querschlägen oder den Portalen durchgeführt werden, je nachdem, welches Lüftungskonzept bei der Straßentunnelanlage ausgeführt ist. Eine Erkennung der Gefahrenzettel und Gefahrentafel scheint möglich, soweit keine gemischten Ladun-

gen, Mindermengen oder sonstige im ADR ausgenommenen Stoffe transportiert werden. Gefahren durch alternative Antriebe (z. B. Wasserstoff) sind über eine Fernerkundung abseits von ferngesteuerten, mobilen Erkundungssystemen (Roboter, Drohnen etc.) nur sehr begrenzt möglich.

Bei einem Unfall im Freibereich sind direkte Sicht, die Möglichkeit, schnell und relativ einfach an Informationen (z. B. Beförderungspapiere) zu gelangen, wie auch die Austrittsstelle selbst quantifizieren zu können, meist gegeben.

8.2.2 Topographie

Unter Topographie versteht man das vorherrschende Gelände. Dabei ist es von entscheidender Bedeutung für das weitere Vorgehen, sich mit den folgenden Punkten auseinanderzusetzen:
- Geländeform
- Angrenzende Strukturen

Freibereich
Für den Bau von Straßen werden oftmals die natürlichen Geländeformen angepasst (durch Abtragung oder Aufschüttung, Brücken usw.), um eine effektive Führung der Trasse sowie Lärm-, Gewässerschutz oder forstwirtschaftliche Anforderungen zu erfüllen. Der Straßenquerschnitt (Straße und Straßenumfeld) kann dabei in verschiedensten Varianten ausgebildet werden und eine Situation im Ereignisfall beeinflussen.

Gerade, steigende oder fallende und Senktrassenführung
Bild 65 gibt die Längsrichtungsvarianten von Straßenführungen wieder. Dies können ein Gefälle, eine Steigung, eine ebene Fahrbahn oder auch Senken, welche durchfahren werden müssen, sein.

Je nach Trassenführung ergeben sich für die Einsatzkräfte unterschiedliche Problematiken, welche nach den Aggregatzuständen und Dichten der einzelnen Stoffe sowie der angrenzenden Infrastruktur getrennt gesehen werden müssen (siehe Tabelle 24). Etwaige Luftströmungen (Wind) sind dabei nicht berücksichtigt. Bei Stoffen mit festem Aggregatzustand ist die Trassenführung nicht entscheidend. Eine Ansammlung rund um den Austrittsort ist meist gegeben. Flüssigkeiten sind in jeder Trassenführungsform ein Problem. Bei gerader Streckenführung bilden sich lokale Lachen rund um den Austrittsort. Bei der Senke sammelt sich die Flüssigkeit am tiefsten Punkt. Das größte Problem liegt beim Gefälle. Dabei kommt es zu einer

8 Einsatztaktik

Verteilung des Stoffes über eine große Fläche. Oberhalb der Flüssigkeit kann je nach Dampfdruck und Gewicht eine gasförmige Lache gebildet werden.

Bild 65: *Trassenführung*

Tabelle 24: *Bewertung Trassenführung – Schadstoff Aggregatzustand*

Bewertung bei Produktaustritt nach Trassenführung und Aggregatzustand				
Straßen-führung	**Zusatzinfo**	**Eben**	**Gefälle**	**Senke**
Aggregatzustand				
fest		Massierung auf Austrittspunkt	Massierung auf Austrittspunkt und nahes Umfeld	Massierung auf Austrittspunkt

8.2 Entscheidungskriterien

Tabelle 24: *Bewertung Trassenführung – Schadstoff Aggregatzustand – Fortsetzung*

Bewertung bei Produktaustritt nach Trassenführung und Aggregatzustand				
Straßen-führung	Zusatzinfo	Eben	Gefälle	Senke
Aggregatzustand				
flüssig	Dampfdruck gering	Flüssigkeits-lachenbildung	Flüssigkeits-verteilung mit Gefälle	Flüssigkeit sammelt sich am tiefsten Punkt der Senke
flüssig	Dampfdruck hoch	Flüssigkeits-lachenbildung, Gasphase beachten	Flüssigkeit und Gasphase verteilen sich mit Gefälle	Flüssigkeit und Gasphase sammeln sich in der Senke
gasförmig	schwerer als Luft	Gasphase im Bereich der Austrittsstelle	Gasphase verteilt sich mit Gefälle	Gasphase sammelt sich in der Senke
gasförmig	leichter als Luft	Verteilung in der Atmosphäre	Verteilung in der Atmosphäre	Verteilung in der Atmosphäre

Gasförmige Stoffe, die leichter als das Umgebungsmedium sind (Luft), werden in der Atmosphäre verteilt und sind als eher unproblematisch anzusehen. Während Gase, die schwerer als Luft sind, ähnlich wie Flüssigkeiten Lachen bilden und sich mit einem etwaigen Gefälle bewegen und verteilen oder in tieferen Bereichen sammeln können.

Straßen- und Geländequerschnitt

Je nach baulicher Situation und geographischer Gegebenheiten werden die an Straßen anschließenden Geländeteile in Geraden, Gefällen oder Steigungen errichtet. Die Ausbreitung von Flüssigkeiten seitlich der Fahrbahn wird aufgrund der geringen Ausbreitungsgeschwindigkeit auf nicht befestigtem Gelände sowie aufgrund von der durch die Installation von Rückhaltebecken, Abscheidersystemen und Entwässerungssystemen nicht betrachtet. Feste Stoffe bleiben annähernd stationär rund um den Austrittsbereich liegen (eine etwaige starke Windströmung sollte einkalkuliert werden). Bild 66 stellt fünf Querschnitte dar, die dabei auf einer Strecke auftreten können. Profil 1 gibt eine seitliche Begrenzung der Straße durch zwei ansteigende Böschungsteile wieder. Dies begrenzt die Ausbreitung eines gasförmigen Schadstoffes, der schwerer ist als Luft (Tabelle 24 – gasförmig – Senke). Auch

8   Einsatztaktik

Lärmschutzelemente können eine abschließende Situation begünstigen und das Weiterverbreiten von Gas-Dampf-Luft Gemischen verringern. Sind diese schwerer als Luft, können sie sich in dieser räumlichen Begrenzung sammeln. Profil 2 und Profil 4 begünstigen eine Ausbreitung der Gasphase in der Geraden. Profil 3 und Profil 5 begünstigen eine Ausbreitung über eine abfallende Böschung.

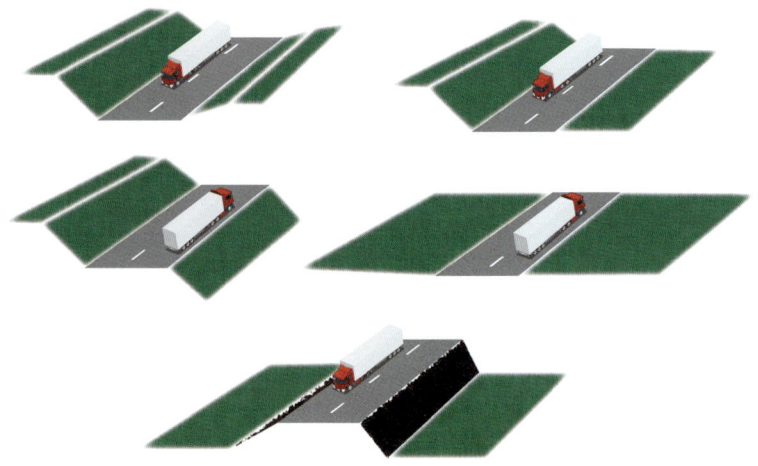

Bild 66:   *Straßen – Gelände-Querschnitt*

Querneigung der Fahrbahn

Fahrbahnquerneigungen für den Abtransport von Oberflächenwasser können je nach Streckenabschnitt und Radius bis zu 7 % betragen (RVS 03.03.23, Seite 6 f.). Dies führt zu einer Verteilung von Flüssigkeiten über die gesamte Fahrbahnbreite, wenn der Austrittsort ungünstig situiert ist. Dadurch wird allerdings auch gewährleistet, dass Flüssigkeiten abtransportiert werden. Wo diese aufgefangen werden bzw. wie die Schutzeinrichtungen dazu funktionieren, wird im Kapitel Entwässerung näher behandelt. Grundsätzlich gedacht ist die Querneigung, um Flüssigkeiten wie sie durch Regen oder Schnee in den Tunnel eingebracht werden abfließen zu lassen.

8.2 Entscheidungskriterien

8.2.3 Straßentunnel

Straßentunnel werden in dem unbedingt notwendigen Längenausmaß errichtet, um die Bauzeit und Kosten so niedrig wie möglich zu halten. Von Änderungen in der Richtung des Tunnels und der Steigung wird, wenn dies aufgrund der angrenzenden Geländeformen möglich ist, abgesehen (Errichtung in einer so einfach wie möglichen Form). Geotechnische, notwendige Anpassungen (aufgrund von problematischen Gesteinsschichten) oder auch Bergwasser können zu Änderungen der Trassenführung beitragen.

Gerade, steigende, fallende und Senktrassenführung
Die Linienführung der Straßentunnel kann – wie auch auf der freien Strecke – in einer Geraden mit einem Gefälle, einer Steigung oder mit einer Senke ausgeführt sein (siehe Bild 67).

Tunnelquerschnitt
Der Tunnelquerschnitt ergibt sich als abgeschlossenes System in allen Richtungen. Eine Weiterverbreitung von Gasen/Dämpfen, Flüssigkeiten und festen Stoffen nach unten, links oder rechts der Fahrbahn bzw. nach oben ist nicht möglich. Eine Ausbreitung ist allenfalls in Richtung der Portale möglich.

8 Einsatztaktik

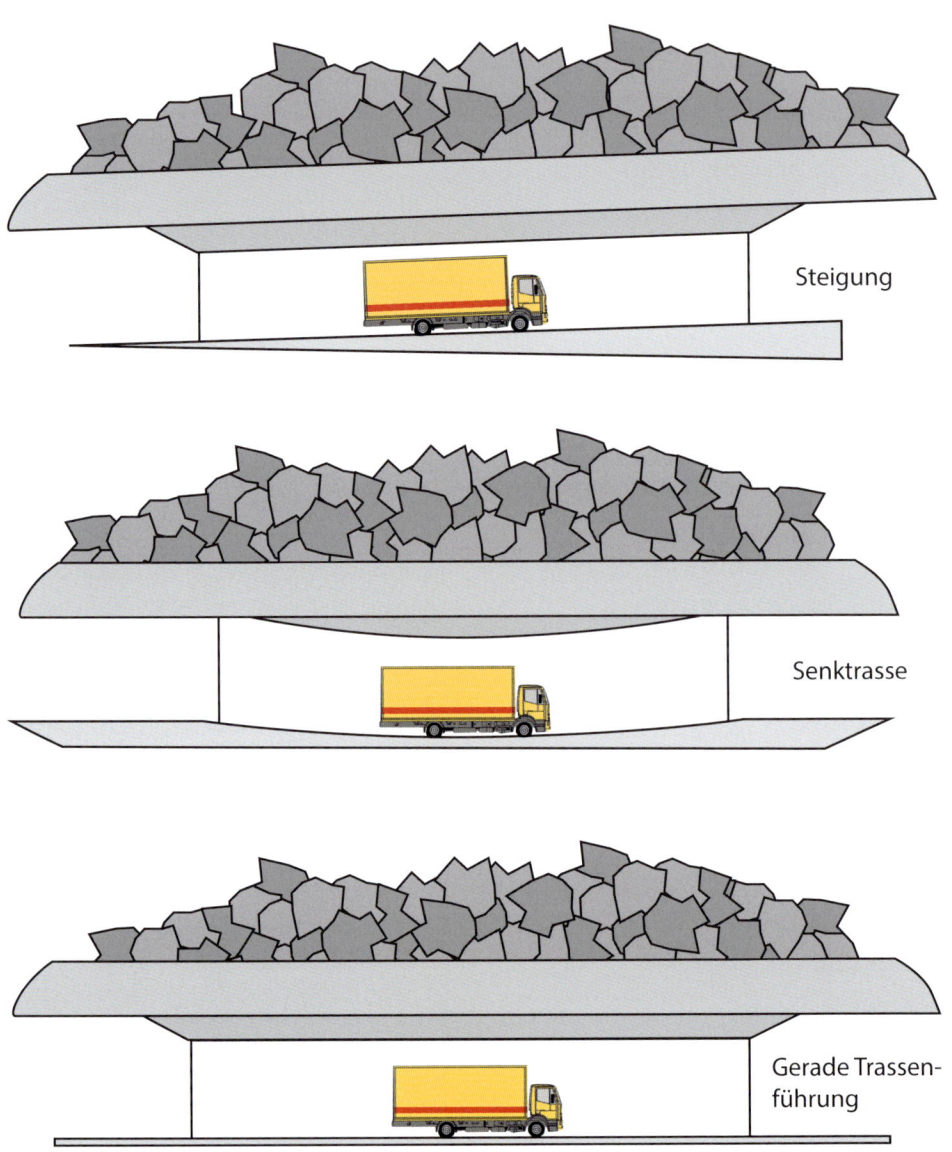

Bild 67: *Trassenführungen im Tunnel*

8.2 Entscheidungskriterien

Querneigung der Fahrbahn
Straßentunnel benötigen für die Abführung von Oberflächenwasser eine Querneigung von 2,5 %. Das Oberflächenwasser wird an den tieferliegenden Fahrbahnrändern in einem Entwässerungssystem abgeführt (vgl. RVS 03.03.23 (2014), Seite 14, Tabelle 7).

Vergleich Freibereich und Straßentunnel
Topografisch unterscheiden sich der Freibereich und die Straßentunnelanlage vor allem durch die Begrenzungen (oben, seitlich) durch die Tunnelwände. Die Querneigung, welche den Abfluss von Oberflächenwässern begünstigt, ist in beiden Situationen vorhanden (siehe Tabelle 25).

Tabelle 25: *Vergleich Topographie*

	Straßentunnel	Freibereich
Trassenführung	eben, steigend, fallend, Senke mit einer allseitigen Einhausung	eben, steigend, fallend, Senke
Straßen-, Geländequerschnitt	Quergefälle	Quergefälle, seitliche Begrenzung und abschüssiges Gelände möglich
Querneigung	≤ 2,5 %	≥ 7,0 %

Praxistipp:
Bei Tunnelanlagen ist meist keine direkte Sicht auf die Einsatzstelle (außer bei Interventionen im Portalbereich) gegeben. Die Erkundung ist über Drittsysteme (z. B. Videosysteme) durchzuführen. Das Quergefälle und auch das Längsgefälle unterstützen das Ablaufen von Flüssigkeiten. Beachtet werden muss dabei, wohin dieser Ablauf erfolgt (Auffangbecken, Flüsse etc.).

8.2.4 Klimabedingungen

Das Wetter ist eines der ersten Kriterien, welches von den Einsatzkräfte in Erfahrung zu bringen ist. Diese Information ist Teil der Erkundung der eigenen Lage und für die weitere Einsatzplanung relevant (vgl. SKKM (2006), Seite 23) (Windrichtung, Regen, Temperaturen etc.).

8 Einsatztaktik

Freibereich

Beim Einsatzfall im Freibereich stellt das Wetter eine Hauptkomponente dar. Alle Wettererscheinungen können direkt auf die Einsatzsituation Einfluss nehmen. Erwärmungen von Flüssigkeiten, Änderungen der Aggregatzustände oder Erreichen von Flammpunkten sind dabei zu berücksichtigen. Tabelle 26 stellt Wettererscheinungen mit der Relevanz für die Einsatzsituation dar. Nicht zuletzt ist auch die Einwirkung auf die Einsatzkräfte selbst (Temperaturen sehr hoch oder sehr niedrig usw.) eine zu beachtende Größe, da dadurch unter Umständen erheblicher Mehraufwand entstehen kann (mehr Personal, andere Schutzbekleidung, wärmende Kleidung oder mehr Personal für den Innenangriff, weil dieser körperlich höchstbelastend ist).

Tabelle 26: *Relevanz des Wetters (vgl. Wikipedia (o. A. [2])*

	Bereich	Relevanz
Lufttemperatur	−37,4 °C bis +40,5 °C	Aggregatzustand, Dampfdruck, Dichte, Flammpunkt
Niederschlag	ja/nein	Schadstoffverteilung, Reaktion mit Wasser, Verdünnung, Bindung von Gasen, Kontaminationsverschleppung
Luftfeuchtigkeit		Reaktion mit Wasser
Wind	0 km/h bis > 100 km/h	Verdünnung, Kontaminationsverschleppung
Sonnenschein	ja/nein Intensität	Erwärmung, Aggregatzustand, Flammpunkt, Dichte, Dampfdruck, Behälterdruck

Straßentunnel

Die Relevanz der Wettereinflüsse in Tunnelanlagen ist anders als im Freibereich. Bei einer geringen Länge sind Lufttemperatur, Niederschlag, Luftfeuchtigkeit und Wind ähnlich gelagert wie im Freibereich. Mit zunehmender Länge ändern sich die Einflussgrößen. Bei Tunnelanlagen mit natürlicher Lüftung sind die Druckunterschiede an den Tunnelportalen zu berücksichtigen (siehe Bild 30). Durch starke Witterungsunterschiede (Luftdruck) an den beiden Portalen, vor allem bei langen Tunneln, können hohe Luftströmungsgeschwindigkeiten (auch ohne mechanische Belüftung) vorkommen.

8.2 Entscheidungskriterien

Vergleich Freibereich und Straßentunnel
Vergleicht man die Parameter rund um das Klima, so ergibt sich vor allem aus der direkten Einwirkung der Wetterbedingungen (Sonneneinstrahlung, Regen) der größte Unterschied. Für die Einsatzkräfte ist vorrangig die Umgebungstemperatur (Lufttemperatur) eine der größten Herausforderungen und im Tunneleinsatz sowie im Freibereich zu beachten.

8.2.5 Anfahrt zum Einsatzort

Die Anfahrt zum Einsatzort kann verschiedene Widrigkeiten beinhalten, welche im Rahmen von Einsatzplanung und Einsatzvorbereitung zu beachten und ggf. zu überprüfen sind:
- Notauffahrten:
    - Winterdienst gegeben (Schneeräumung)?
    - Straßenzustand für Einsatzfahrzeuge geeignet?
    - Abschrankung (Sperreinrichtung vorhanden)?
- Bestehen derzeit Baustellen im Anfahrtsbereich?
- Rückstau auf Sekundärstraßen, durch eine Sperre im Zuge des Unfallgeschehens?
- Rettungsgasse nicht eingehalten oder blockiert?

Auf baulich getrennten Richtungsfahrbahnen können noch folgende Punkte zu beachten sein:
- Möglichkeiten zur Umkehr auf die andere Richtungsfahrbahn
- Aufstellungsbereiche, Aufstellungsplätze
- Möglichkeiten zur Ableitung im Rückstau befindlicher Fahrzeuge (Lkw, Pkw etc.)

Ein oftmals unterschätztes Thema ist auch die Verbindung der zwei Portale über alternativen Routen. Das heißt: Wie schnell kann man mit einem Feuerwehrfahrzeug vom einen zum anderen Portal gelangen, um z. B. Einsatzkräfte zu verschieben oder logistische Aufgaben zu erledigen? Dieses Thema sollte vorausschauend in der Einsatzplanung behandelt werden.

Das großflächige und weitreichende Alarmieren von Einsatzkräften zur gleichen Zeit kann zu Problemen in der Raumordnung und bei der Informationsweitergabe an die einzelnen Fahrzeug- und Einheitskommandanten führen. Zu überlegen ist,

8 Einsatztaktik

inwieweit gestaffelte Alarmierungen – also zeitversetzt – eventuell sogar tageszeitabhängig (Stichwort: Tagesalarmbereitschaft) sinnvoll sind.

Praxistipp:

Die Ordnung an der Einsatzstelle (Aufstellflächen für die Einsatzkräfte, Informationsweitergabe etc.) ist für den Einsatzerfolg ein wichtiger Baustein. Dabei muss bei der Alarmierung abgewogen werden, welche Einsatzkräfte zu welcher Zeit benötigt werden (Beachte: Reservenbildung). Möglicherweise macht es Sinn, eine Einsatzkomponente erst eine gewisse Zeit später zu alarmieren, um den Ablauf an der Einsatzstelle zu straffen.

Aufstellplätze sollen nicht direkt bei den Portalen liegen (wenn möglich etwas Abstand oder seitlich versetzt), um bei Austritt von Schadstoffen im Portalbereich (Ruß bei Bränden, Gas-Dampf-Luftgemische bei Schadstoffeinsätzen) oder auch bei der Entzündung von Gas-Dampf-Luftgemischen nicht mit den platzierten Fahrzeugen im Gefahrenbereich zu sein.

Vergleich Freibereich und Straßentunnel

Die Notwendigkeit kurzer Anfahrtswege, welche ganzjährig genutzt werden können, ist Voraussetzung für die Feuerwehr, um einen schnellstmöglichen Einsatzerfolg zu erzielen. Fertig ausgearbeitete Konzepte für eine Ableitung, Umleitung und Auflösung vom auftretenden Stau während einer Sperre wegen Schadensszenarien können nur für die jeweilige Tunnelanlage aufgrund der gegebenen Örtlichkeit erarbeitet werden (siehe Tabelle 27).

Praxistipp:

Im Einsatzbereich vorhandene Fahrtstrecken, Zufahrten, Abschrankungen, welche für eine Anfahrt zu einem Schadensort genutzt werden können – sei es zu einem Tunnel oder zu jedem anderen möglichen Ort – müssen bekannt sowie in befahrbarem Zustand sein.

Tabelle 27: *Vergleich Anfahrtswege*

	Straßentunnel	Freibereich	Info
Anfahrt	in Einsatzplänen planbar	vor Einsatzbeginn bedingt planbar	
Winterdienst	niederrangiges Straßennetz (u. a. Notauffahrten) bedingt geräumt	standardisiert	

8.2 Entscheidungskriterien

8.2.6 Situation erkunden – Schadenlage

8.2.6.1 Erkundung am Einsatzort

Um den Einsatz bestmöglich abarbeiten zu können, ist eine allumfassende, möglichst genaue Erkundung der Schadenlage am Einsatzort notwendig. Dabei ist das Erkennen der Gefahrenschwerpunkte (z. B. Menschen in Gefahr, Ausbreitungsgefahr) ein einsatzentscheidender Faktor. Die notwendigen Informationen erhält der Einsatzleiter aus Alarmstichworten und Einsatzaufträgen der Leitstelle, eigenen Wahrnehmungen, Befragung von Personen vor Ort, Einsatzunterlagen usw.

Aufgrund der meist nicht direkt einsehbaren Schadenssituation in Straßentunnelanlagen müssen technische Hilfsmittel als Unterstützung zur Lageerkundung eingesetzt werden. Die Absprache mit dem Tunnelbetreiber und die Betrachtung von Videoaufzeichnungen können dabei Aufschluss über die aktuelle Situation in der Tunnelanlage geben. Diese Maßnahmen werden allerdings nicht darüber hinwegführen, dass eigene Erkundungsmaßnahmen in der Tunnelanlage durchgeführt werden müssen.

Je früher eine Erkennung der Situation bzw. eines Stoffes möglich ist, desto besser können bereits in einer sehr frühen Phase Einsatzmaßnahmen gezielt auf die Art, Eigenschaften und Menge angepasst werden. Die Wirkung auf Personen, auf die Umwelt und auf das Bauwerk kann somit stark reduziert werden.

8.2.6.2 Gefahrenerkennung

Bei Bränden ist die Erkennung über die im Tunnel vorhandenen Einrichtungen wie Videokameras und Wärmeleitkabel relativ einfach. Das Schadensausmaß, welches sich mit dem Laufe der Zeit verändert, ist nur teilweise abzuschätzen, da es relativ bald zu Sichtbehinderungen kommt.

Die Erkundung bei einem Gefahrguteinsatz ist dabei noch schwieriger. Als erstes gilt es in Erfahrung zu bringen, ob es sich um einen Gefahrguteinsatz handelt oder einen Verkehrsunfall, bei dem kein Schadstoff ausgetreten ist. Betriebsmittel können hier ausgelaufen sein und explosionsfähige Atmosphären bilden. Handelt es sich um einen solchen Einsatzfall, ist das Erkennen des Gefahrgutes durch die Einsatzkräfte von essenzieller Bedeutung. Die Gefahren und Wirkungen, welche von verschiedenen ausgetretenen Stoffen ausgehen, müssen bekannt sein und beeinflussen die taktischen Vorgehensweisen der Einsatzkräfte. Die Gefahrenerkennung kann subjektiv (durch die eigene Wahrnehmung) und auch objektiv (Stoffnummern, Symbole, Bezettelung, Auskünfte von Personen etc.) durchgeführt werden. Die objektive Gefahrenerkennung stützt sich auf Informationsquellen (z. B. Fahrer, Kennzeichnung, Begleitfahrzeuge etc.) und auch auf Messungen (Nachweisverfahren) (vgl. Kemper (2017 a), Seite 55).

Info:
Bei der Erkundung eines Schadenfalles ohne Brand muss sichergestellt sein, ob ein Produktaustritt vorliegt und somit die taktischen Vorgangsweisen von einem Schadstoffeinsatz angewandt werden müssen. Dies kann sich in der Praxis als sehr kompliziert herausstellen. Bevor die eigenen Einsatzkräfte den Tunnel betreten, ist die Lage so weit wie möglich zu identifizieren und zu bewerten, um das Risiko für alle Beteiligten so gering wie möglich zu halten.

Subjektive Gefahrenerkennung

Die subjektive Gefahrenerkennung stützt sich auf die Sinnesorgane des Menschen und führt zu einer ersten Lagefeststellung am Einsatzort. Diese Erkundung kann keine vollkommene Lagebeurteilung darstellen, da nicht alle Gefahren erfasst werden können. Des Weiteren ist eine Abhängigkeit vom Ausbildungsstand und der Erfahrung des Einsatzleiters gegeben (werden festgestellte Tatsachen richtig interpretiert und eingeschätzt?). Außerdem können Schadstoffe (z. B. Schwefelwasserstoff) die Geruchswahrnehmung aufgrund einer lähmenden Wirkung täuschen oder einschränken. Tabelle 28 stellt eine Übersicht der Sinne und der dadurch gewonnenen Wahrnehmung dar (vgl. FKS (2014), Seite 2.036).

Tabelle 28: *Wahrnehmung durch Sinnesorgane*

Sinne	Wahrnehmung
Fühlen	Hitze, Druck, Kälte, Reizungen etc.
Sehen	Verhalten von Menschen und Tier, Flammen, Flammenfarbe, Stoffausbreitung, Aggregatzustände, Gasschwaden, Topographie, involvierte Fahrzeuge, Gebäudesituation, Unfallsituation, beschädigte Transportumhüllungen, Abschirmungsarten, Freisetzungsrate, Kennzeichnung etc.
Riechen	Dämpfe, Düfte (Odorierung von Gasen) etc.
Hören	Explosionen, ausströmende Gase oder Flüssigkeiten, Knall, Schreie von Personen, Wind etc.

8.2 Entscheidungskriterien

Die Menge von ausgetretenen Stoffen ist für eine weitere taktische Überlegung von grundlegender Bedeutung. Bei gasförmigen Stoffen ist eine Schätzung von ausgetretenen Gasmengen fast unmöglich. Von Bedeutung ist dabei die Dichte im Verhältnis zum Umgebungsmedium (Luft), um Stoffansammlungen im Boden- oder Deckenbereich zu beachten. Auch die Luftströmung und die Lüftungsart darf dabei nicht außer Acht gelassen werden. Bei flüssigen Stoffen ist die Größe der Oberfläche des Stoffes von entscheidender Bedeutung – u. a. für das Verdampfen dieser und die mögliche Entstehung explosionsfähiger Atmosphären.

Objektive Gefahrenerkennung

Zur objektiven Bewertung der Situation am Einsatzort können folgende Merkmale herangezogen werden:

- Gefahrentafel, Stoffnummer, Gefahrennummer, Hazchem-Code, Gefahrendiamant
- Gefahrenzettel, Gefahrensymbole, Warnzeichen
- Verpackungsarten, Verpackungsgrößen, Gasflaschenkennzeichnungen
- Fahrzeugbegleitpapiere
- Befragung von anwesenden Personen, Fahrzeuglenkern, Fahrern von Begleitfahrzeugen
- Rücksprache mit den Firmen, zu denen die Fahrzeuge gehören (oftmals Telefonnummern auf den Fahrzeugen)

Bei gewissen Rahmenbedingungen (siehe Tunnelkategorisierung sowie Tunnelbeschränkungscode (TBC)) ist das Befahren eines Tunnels nur mit Begleitfahrzeugen erlaubt. Die Lenker dieser Fahrzeuge haben auch Informationen zur Ladung des begleiteten Fahrzeuges an Bord und können darüber Auskunft geben.

Praxistipp:
Die Feuerwehreinsatzkräfte sind – um eine angemessene Intervention unter bestmöglichstem Eigenschutz zu gewährleisten – auf eine genaue Information zur Situation am Einsatzort und im Falle einer Beteiligung von gefährlichen Gütern auf eine korrekte, ausführliche, leserliche Kennzeichnung angewiesen. Diese Informationen werden vom Einsatzleiter bei der Erkundung in Erfahrung gebracht, bewertet und unter Berücksichtigung von relevanten Entscheidungs- und Informationsträgern werden entsprechende Maßnahmen eingeleitet.

8.2.6.3 Behälterausfluss

Der zeitliche Verlauf des Ausflusses aus einem Behälter ist für die Bewertung eines Szenarios ein erheblicher Parameter. Bei Spontanfreisetzungen der gesamten Produktmenge oder bei sehr großen Öffnungen in Transportbehältern wird das gesamte geladene Produkt bereits vor Eintreffen der Einsatzkräfte vollständig ausgelaufen sein. Zurück bleibt allenfalls die Menge des Produktes im Behälter unterhalb der Öffnung, die nicht auslaufen kann und die nicht abgeflossene Menge an Flüssigkeit, die sich auf der Fahrbahn verteilt hat. Für die Darstellung (Beeinflussung der Rahmenbedingungen) des Ausflusses im zeitlichen Verlauf bei einer gewissen Lochgröße sind mehrere Parametersätze von ausschlaggebender Bedeutung.

Beispielhaft kann das mathematische Modell mit einem realen Auslaufversuch (freier Auslauf) aus einem 3 500 Liter fassenden Tank, gefüllt mit Wasser, aus dem Kapitel »Flüssigkeitsabfluss – Entwässerung« entnommen werden. Neben der Stoffart (in diesem Fall Wasser) als relevante Parameter (Zähflüssigkeit, Siedepunkte, Reibung etc.) sind die Ausflussöffnung (rund 42 mm) und die Flüssigkeitstemperatur (10 °C) als Parameter für den Versuch gewählt worden. Je höher der Flüssigkeitsstand im Behälter ist, desto größer sind die Ausflussmengen pro Zeiteinheit beginnend mit über 300 l/min Ausflussmenge beim Behälter, der im Versuch verwendet wurde, fällt dieser Wert mit Fortdauer des kontinuierlichen Auslaufes ab auf einen Wert von unter 100 l/min.

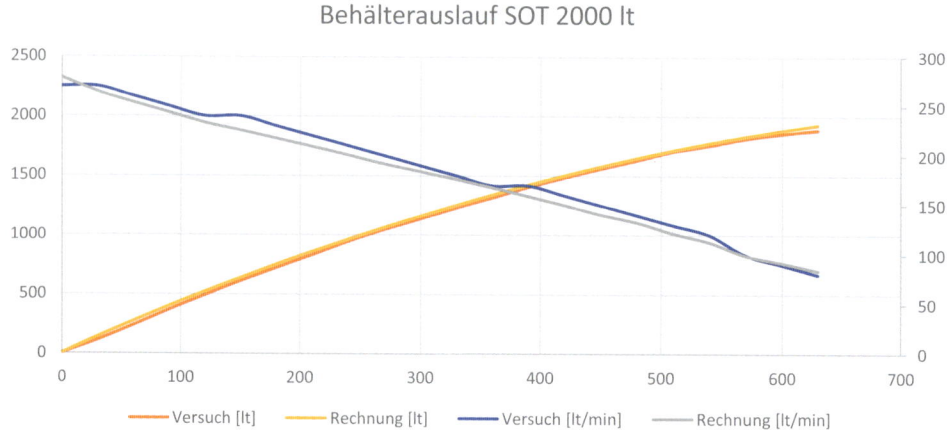

Bild 68: *Ausflussmengen Behälter*

8.2 Entscheidungskriterien

8.2.6.4 Art der Freisetzung

Die Art der Freisetzung ist mit der Leckrate begründet (wieviel Produkt entweicht pro Zeiteinheit aus dem Transportbehältnis). Dabei unterscheidet man in grundsätzlich zwei Szenarien. Zum einen eine Spontanfreisetzung, bei welcher der Stoff während einer sehr kurzen Zeiteinheit bis zur Höhe der Perforationsöffnung ausläuft. Als Situation kann dabei ein Auffahrunfall von Transportern genannt werden, bei dem eine Schweißnaht reißt und z. B. Kohlenwasserstoffe (Benzin, Diesel etc.) innerhalb kürzester Zeit auslaufen. Zum anderen spricht man von einer kontinuierlichen Freisetzung, bei welcher durch eine kleine Öffnung über eine längere Zeitspanne der gesamte Tankinhalt ausläuft.

Kontinuierliche Freisetzung

Wird ein Produkt über einen längeren Zeitraum freigesetzt und dies immer fort bis das Produkt zur Perforationsöffnung ausgelaufen ist (bei Flüssigkeiten), so wird dies als kontinuierliche Freisetzung oder kontinuierliches Auslaufen von Flüssigkeiten bezeichnet.

Bei Flüssigkeiten ist die Austrittsmenge pro Zeiteinheit von mehreren Faktoren abhängig. Dies sind die Stoffeigenschaften Druck im Behälter, Lochgröße, Temperatur und Umgebungsbedingungen. Unter Einbeziehung dieser Parameter ist eine Berechnung der Ausflussmenge pro Zeiteinheit möglich. Ein Druckausgleich im Behälter (kein Unterdruck im Behälter – es gibt somit eine Öffnung, wo Luft nachströmen kann) ist dabei Voraussetzung. Ist hingegen ein Druckausgleich nicht vorhanden, so ist der Auslauf wesentlich geringer (geringere Auslaufmenge des Produktes pro Zeiteinheit). In diesem Fall erfolgt der Druckausgleich über die Ausflussöffnung, bei welcher Luft in den Tank gelangt, um einen Ausgleich herzustellen.

Bei Austritten mit gasförmigen Stoffen wird die Austrittsgeschwindigkeit hauptsächlich durch die Stoffeigenschaften, die Druckverhältnisse und Temperatur sowie auch die Lochgröße bestimmt.

8 Einsatztaktik

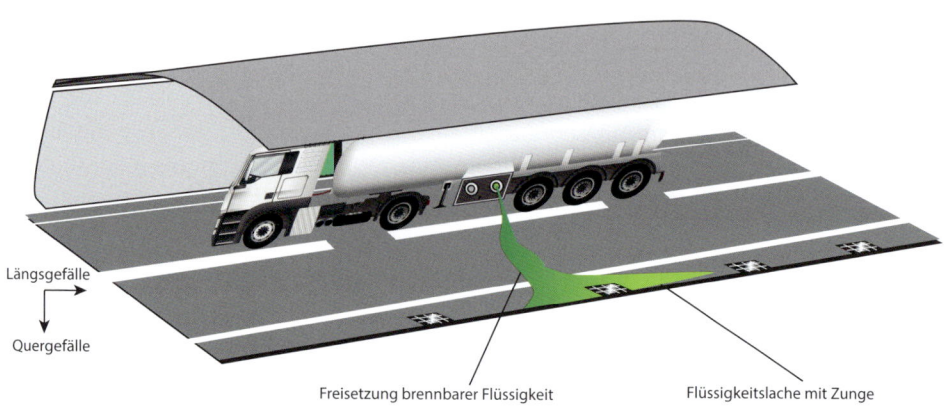

Längsgefälle

Quergefälle

Freisetzung brennbarer Flüssigkeit

Flüssigkeitslache mit Zunge

Bild 69: *Flüssigkeitsabfluss Tankfahrzeug*

Bild 70 a und b: *Kontinuierliche Freisetzung (links mit geöffnetem Domdeckel / Zuluft und rechts mit luftdicht verschlossenem Tankbehälter)*

8.2 Entscheidungskriterien

Tabelle 29: *Randbedingungen kontinuierlicher Behälterausfluss*

Randbedingung	Parameter	Relevanz	Info
Kontinuierliche Freisetzung	Stoffeigenschaften	hoch	Viskosität, …
	Temperatur	gering	Außentemp., Produkttemp.
	Aggregatzustand	hoch	flüssig, gasförmig
	Druckverhältnisse	hoch	Behälterdruck
	Behälterzuluft	hoch	Zuluft beim Auslauf
	Lochgröße	hoch	

Zusammenfassend kann man sagen, dass bei kontinuierlichem Ausfluss das darin enthaltene Medium entweder bis zum jeweiligen Loch bzw. bei gasförmigen Stoffen der gesamte Behälter austritt, bis die Druckverhältnisse wie im umgebenden Bereich sind.

Praxistipp:

Bevor komplexe Interventionen am Einsatzort geplant werden, sollte allenfalls auch der Faktor Zeit ins Kalkül gezogen werden. Das heißt, abseits von unbedingt notwendigen Maßnahmen wie der Menschenrettung, kann man durch Abwarten und Sichern der aktuellen Situation (siehe Kapitel Absperrmaßnahmen) eine Entspannung oder zumindest eine Stabilisierung der aktuellen Lage erreichen (z. B. nach 20 Minuten läuft keine Flüssigkeit mehr aus und die Einsatzkräfte müssen nicht bei Vorhandensein von Benzindämpfen Arbeiten durchführen).

Spontane (schlagartige) Freisetzung

Unter spontaner Freisetzung eines Produktes versteht man einen Auslauf in einer sehr kurzen Zeiteinheit. Dies kann durch eine externe Energieeinbringung (Beschädigung etc.) auf den Behälter geschehen. Aufbrechen des Behälters durch inneren Druck, Abreißen von Anschlüssen durch externe Beschädigung oder auch das Aufreißen eines Tanks durch externe Einwirkungen sind nur einige Beispiele hierfür.

Gase verteilen sich spontan im gesamten Tunnelquerschnitt und sammeln sich je nach Dichte im oberen Bereich (leichter als Luft) oder im unteren Bereich (schwerer als Luft). Je nach ausgetretenem Gas ist eine Entstehung von explosionsfähigen Atmosphären, hochkonzentrierten giftigen Atmosphären etc. möglich.

Flüssigkeiten ergießen sich über die Fahrbahnbreite zu einer Lache und laufen in ein Wasserablaufsystem (Schlitzrinnen, GSA etc.) ab. Je nach Außentemperatur und

8 Einsatztaktik

chemischer/physikalischer Eigenschaften der Stoffe vergeht dabei eine gewisse Zeit. Die maximal mögliche Lachenfläche wird innerhalb kürzester Zeit erreicht, wodurch es zur Verdampfung und wiederum zur Entstehung von explosionsfähigen Atmosphären und giftigen Gas-Dampf-Wolken kommen kann.

Tabelle 30: *Randbedingungen spontane Freisetzung von Produkten*

Randbedingung	Parameter	Relevanz	Info
Spontane Freisetzung	Stoffeigenschaften	gering	Viskosität, …
	Temperatur	gering	Außentemperatur, Produkttemperatur
	Aggregatzustand	hoch	flüssig, gasförmig
	Druckverhältnisse	gering	Behälterdruck
	Behälterzuluft	gering	Zuluft beim Auslauf
	Lochgröße	hoch	

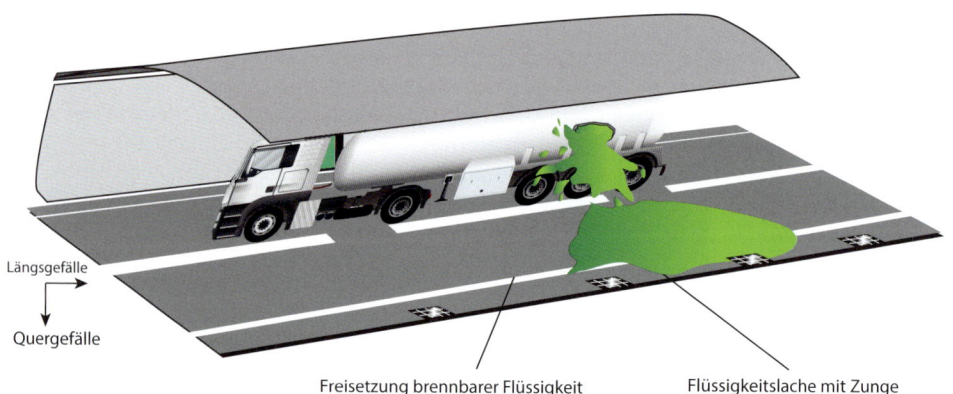

Bild 71: *Produktaustritt*

Eindringtiefe

Für Interventionen im Bereich einer Schadstelle in einer Straßentunnelanlage ist die Eindringtiefe zu beachten. Die Eindringtiefe ist dabei der Weg, den man vom Portal oder Zugang bis zur effektiven Einsatzstelle zurücklegen muss und dies in der notwendigen Schutzausrüstung. Werkzeuge, Messgeräte und sonstige Gegenstände, die an den Einsatzort gebracht werden müssen, sind dabei ebenfalls zu beachten

8.2 Entscheidungskriterien

(müssen eventuell durch Atemschutzträger unter CSA getragen werden). Dabei unterscheidet man zwischen der möglichen Eindringtiefe und der notwendigen Eindringtiefe.

Mit der **möglichen Eindringtiefe** gibt man die Distanz an, die ein Trupp mit der notwendigen Schutzausrüstung und Ausrüstung beginnend vom sicheren Bereich zurücklegen muss, den Rückmarsch antreten und mit einer definierten Reserve den Gefahrenbereich wieder verlassen kann. Abhängig ist die Eindringtiefe von folgenden Faktoren:

- der verwendeten Schutzausrüstung,
- der zu transportierenden Ausrüstung,
- der Leistungsfähigkeit der Atemschutzgeräteträger (physisch und psychisch),
- der Topologie (Steigung, Gefälle, bauliche Situation etc.),
- dem Atemschutzgerät,
- dem ausgetretenen Produkt (z. B. Gefahrguteinsatz – Einwirkzeit),
- der Einsatzsituation (z. B. Temperatur bei Bränden).

Erfahrungsberichte legen nahe, dass der limitierende Faktor meist der Atemschutzgeräteträger, also der Mensch selbst ist. Dieser muss u. U. im Chemikalienschutzanzug der Stufe 3 mit schwerem Atemschutzgerät in unbekanntes Terrain vorgehen. Dabei können weitere Belastungen (zusätzlich zum eigenen Körpergewicht) von bis 50 kg mit Ausrüstung zusammenkommen. Die psychische Komponente ist dabei noch nicht betrachtet und kann weiter limitierend wirken. Die **notwendige Eindringtiefe** ergibt sich aus der Entfernung des Interventionsortes von einem sicheren Bereich.

Tabelle 31: *Rahmenbedingungen – Eindringtiefe*

Randbedingung	Parameter	Relevanz	Info
Eindringtiefe	mögliche-, erforderliche Eindringtiefe	hoch	Intervention nur möglich, wenn man den Einsatzort auch erreicht

8 Einsatztaktik

Bild 72: *Such- und Rettungstrupp beim Anmarsch (Quelle: Berufsfeuerwehr Linz (2018), Einsatzübung Tunnel Bindermichl)*

8.2.7 Alternative Erkundungsformen

Ist der Einsatz von Menschen aufgrund der Schadenlage (unbekannte Gefahren) nicht mehr möglich, bieten fernsteuerbare Roboter und Drohnen die Möglichkeit, je nach Reichweite dieser Geräte, eine Erkundung durchzuführen.

Praxistipp:
Die Erkundung ist eine der wichtigsten Phasen bei einem Einsatz. Alle Faktoren, die wesentlich sind, müssen beachten werden. Dazu ist man auf eine gute Ausbildung angewiesen. Sind Parameter nicht oder nur eingeschränkt bekannt, kann dies zu teilweise falschen Entscheidungen führen und es im schlimmsten Fall zu Gefährdungen der Einsatzkräfte, der involvierten Menschen oder der Umgebung kommen.

8.2 Entscheidungskriterien

Vergleich Freibereich und Straßentunnel

Die subjektive Wahrnehmung ist bei Tunnelanlagen äußerst schwierig, da, je nach Ort der notwendigen Erkundung, keine oder nur eine indirekte Wahrnehmung möglich ist. An den Portalen und an Öffnungen der Be- und Entlüftung kann durch die subjektive Wahrnehmung viel in Erfahrung gebracht werden. Eine objektive Erkundung kann über die Messsysteme des Tunnels (siehe Überwachung der Luftverhältnisse (Kapitel 2.2) gemessen werden, wobei meist nur eine geringe Anzahl von verschiedenen Messwerten (i. d. R. CO und Trübsicht) vorhanden ist. Über ein installiertes Videoüberwachungssystem ist eine visuelle Betrachtung der Situation möglich, welche meist auch rückwirkend (Aufzeichnung der letzten Minuten) eingesehen werden kann. Das Erkennen der Situation im Tunnel wie auch im Gefahrguteinsatz, eine vorhandene Bezettelung des Fahrzeuges, sind dabei mit Einschränkungen (Sicht, Lesbarkeit usw.) möglich.

Für die Erkundungsform in einer Straßentunnelanlage ist ein erhöhter Zeitaufwand bei eingeschränkten verwendbaren Möglichkeiten gegeben, da dies meist nur in der Betriebszentrale oder in einer Überwachungszentrale durchgeführt werden kann. Die Befragung von Lenkern der Unfallfahrzeuge und auch die Einsicht in Beförderungspapiere als Grundlage für eine Entscheidung ist in den meisten Fällen vor allem in der Anfangsphase des Einsatzes nicht oder nur bedingt möglich.

Im Freibereich ist die subjektive Wahrnehmung mit all ihren Sinnen möglich. Auf ausreichenden Sicherheitsabstand und Aufstellungsort (z. B. auf der dem Wind zugewandten Seite) ist zu achten. Je weiter die Erkundung vom Einsatzort entfernt abläuft, desto schwieriger ist der Einsatz der subjektiven Wahrnehmung, da z. B. Gefahren nicht oder in nur begrenztem Umfang wahrgenommen werden können. Die objektive Wahrnehmung wird durch die Entfernung beeinflusst. Die mögliche Bergung von Begleitpapieren oder Informationen von Lenkern, welche sich in Sicherheit bringen konnten, unterstützen dabei die Erkundung. Durch feuerwehreigene, technische Hilfsmittel (Fernglas, Mobiltelefone, Wärmebildkamera, Thermometer etc.) kann die Erkundung unterstützt und daraus wichtige Werte für den weiteren Einsatzverlauf abgeleitet werden. Eine Übersicht dazu bietet Tabelle 32.

8 Einsatztaktik

Tabelle 32: *Vergleich Gefahrguterkennung*

	Straßentunnel	Freibereich	Info
Fühlen	eingeschränkt, an den Austrittsöffnungen	möglich	
Sehen	meist keine direkte Sicht, Umgebung um Portale und evtl. Be- und Entlüftungsöffnungen möglich, indirekte Erkundung über Videoüberwachungsanlage möglich	möglich, Einsatz von Hilfsmitteln der Feuerwehr möglich	
Riechen	eingeschränkt an den Portalen möglich	möglich, Gefahr für eingesetzte Mannschaft der Einsatzkräfte	
Hören	eingeschränkt an den Portalen	möglich	
Erkundungszeit	mittel, Erkundung über Drittsysteme notwendig	gering	
Gefahr bei Erkundung	mittel, direkte Wirkung möglich	gering	
Mengenabschätzung	gasförmig: unmöglich fest: über Videoanlage eingeschränkt möglich flüssig: Über Videoanlage möglich	gasförmig: sehr schwierig fest: möglich flüssig: möglich	evtl. Fernglas, Wärmebildkamera zum Einsatz bringen
Einfluss von Umgebungsbedingungen	Wetter ist nur eingeschränkt zu berücksichtigen	Wetter ist zu berücksichtigen	

8.2.8 Flüssigkeitsabfluss – Entwässerung

Oberflächenwasserabflusssysteme und das dazugehörige Absetzbecken, Filterbecken und Retentionsbecken sind für das Auffangen von größeren Flüssigkeitsmengen in der Tunnelanlage konzipiert. Dabei wird im normalen Betriebsfall das Regenwasser abgeleitet und im Schadensfall jeweils die transportierten Produkte

8.2 Entscheidungskriterien

bzw. die ausgetretene Flüssigkeit des Fahrzeuges gesammelt und abgeleitet (siehe Bild 73).

Die Rückführung in die Natur erfolgt mittels Sickerbecken oder über periodische Entsorgung der Auffangbehälter (Abpumpen und der Entsorgung zuführen). Über Sensoren in den Fangbecken werden der pH-Wert und die Ölschichtstärke kontrolliert. Bei Überschreiten bzw. Unterschreiten der Grenzwerte wird angenommen, dass Laugen oder Säuren vorhanden sind, welche ein automatisches Schließen von Schiebern und Zurückhalten durch Einsetzen von Tauchwänden auslösen (vgl. 800.100.1000 (2012), Seite 5).

Bild 73: *Entwässerung*

Der Abfluss von Flüssigkeiten kann je nach System in punktförmiger Aufnahme oder durch ein Schlitzrinnensystem am Fahrbahnrand erfolgen (siehe Entwässerung Kapitel 2.3). Diese Elemente nehmen auslaufende Flüssigkeiten auf und transportieren diese ab. Dabei ergeben sich je nach System unterschiedliche Lachengeometrien und Lachengrößen (Fläche). Die Oberfläche wird maßgebend durch die Quer- und Längsneigung der Fahrbahn bestimmt (siehe Bild 74 und Bild 75).

8 Einsatztaktik

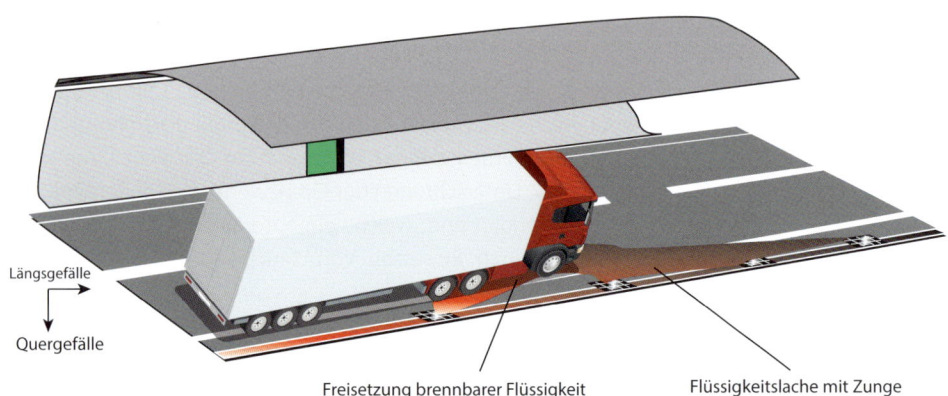

Bild 74: *Punktförmiger Flüssigkeitsabtransport (vgl. Schweizerischer Feuerwehrverband (2004), Seite 42, Bild A4-1 a)*

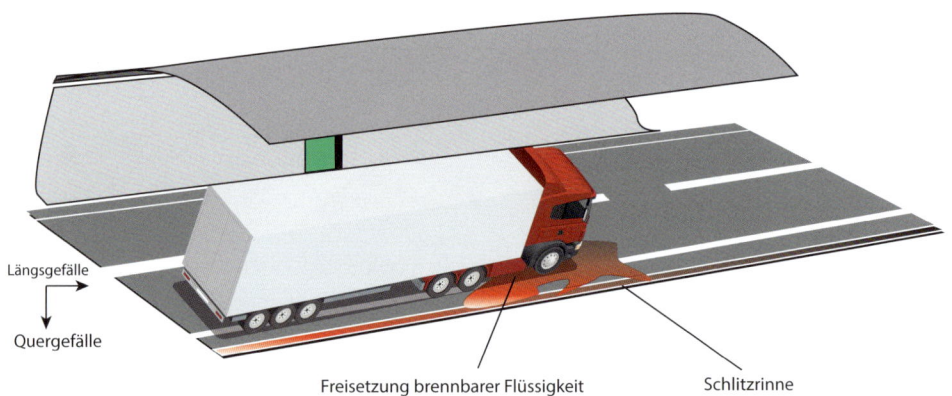

Bild 75: *Schlitzrinne – Flüssigkeitsabtransport (vgl. Schweizerischer Feuerwehrverband (2004), Seite 42, Bild A4-1 b)*

Bei Einsätzen im Zuge eines Brandes einer Flüssigkeit ergeben sich keine Unterschiede zwischen den beiden Systemen. Bei Spontanfreisetzungen können ca. 5 bis 10 m³ an Flüssigkeiten im selben Augenblick freigesetzt werden. Praktische Versuche haben des Weiteren kontinuierliche Freisetzungsraten von 30 bis ca. 70 Liter pro Sekunde bei einer Lochgröße zwischen 100 und 150 mm gezeigt, welche durch zerstörte Flansch- oder Anschlusssysteme ausgelaufen sind (vgl. Lacroix (1995), Seite 4). Mit diesen Werten lässt sich bei kontinuierlichen Freisetzungsraten auf die Auslaufdauer und auf die ausgetretene Menge schließen. Eine genaue Abwägung, ob und in

8.2 Entscheidungskriterien

welcher Form eine Tätigkeit hier direkt am Unfallort zu erfolgen hat, ist notwendig. Bei allen Freisetzungen muss auch immer die Gewässerschutzanlage beobachtet werden (Füllmenge, Funktion der Abschieberung etc.). Durch Ansammeln von Schadstoffen in den Behältern (ober- und unterirdisch) können explosionsfähige Atmosphären oder Umweltschädigungen und dergleichen auftreten.

Einlaufschächte
Einlaufschächte sind in definierten Abständen, meist alle 25 bis 50 Meter kontinuierlich über die Tunnellänge auf einer Seite der Fahrbahn verteilt. Die Querneigung der Fahrbahn ist dabei so ausgerichtet, dass ausgetretene Flüssigkeiten aus verunfallten Fahrzeugen einerseits und im Normalbetrieb Oberflächenwasser auf die Seite zusammenlaufen und abgeleitet werden. Ausgetretene Flüssigkeiten werden dabei nur an diesen Punkten abgeleitet. Die Oberfläche einer ausgetretenen Flüssig-

Bild 76 a und b: *Römerbergtunnel – Flüssigkeitsaustritt (links) und Ableitung in die Einlaufschächte (rechts) (Quelle: Berufsfeuerwehr Linz (2018): Übung Römerbergtunnel)*

8 Einsatztaktik

keit verteilt sich dabei – wie in Bild 76 dargestellt – im Fall von Einlaufschächten zungenförmig. Kann ein Einlaufschacht die Menge von Flüssigkeiten nicht auffangen, so läuft diese bis zum nächsten Einlaufschacht weiter.

Schlitzrinnensystem
Die Oberfläche der Lache ist aufgrund der kontinuierlichen Öffnungen der Schlitzrinne etwas geringer. Gefährdungspotenzial bietet ein möglicher Brand in der Schlitzrinne (siehe Bild 77), da die Öffnungen kontinuierlich über den gesamten Tunnel an der Seite verteilt vorkommen. In das Leitungssystem sind Siphonsysteme integriert, welche die Gefahr einer Explosion oder das Weiterverbreiten eines Brandes in der Schlitzrinne verhindern sollen. Um die Schutzwirkung zu gewährleisten, darf nach Ausfluss von brennbaren Flüssigkeiten über mehrere Stunden lang kein Revisionsdeckel geöffnet werden, um durch eine mögliche Funkenbildung keine Explosion hervorzurufen (vgl. Lacroix (1995), Seite 17). Es empfiehlt sich nach Prüfung der ausgetretenen Stoffe die Bereiche mit Wasser zu spülen. Dabei kann das Tunnelwassernetz zum Einsatz gebracht werden. Versuche in französischen Straßentunnelanlagen haben bei Spontanfreisetzungen Lachengrößen von bis zu 450 m² ergeben (vgl. Lacroix (1995), Seite 6). Dabei sind der Standort des Fahrzeuges,

Bild 77: *Schlitzrinneneinlauf*

8.2 Entscheidungskriterien

die Längs- und Querneigung wie auch das Entwässerungssystem ausschlaggebende Faktoren (vgl. Schweizerischer Feuerwehrverband (2004), Seite 12).

Gewässerschutzanlage (GSA)
Der Zweck der Gewässerschutzanlage ist es, über Schlitzrinnen, Einlaufgitter, Tauchsiphons die über Trennsysteme abgeleiteten Flüssigkeiten (belastetes wie auch unbelastetes Wasser sowie nach Unfällen auslaufende Flüssigkeiten) zu filtern, reinigen und kontrolliert in die Umwelt (Flüsse, Sickerbereiche, Retentionsbecken etc.) abzuleiten. Sie gliedern sich dabei in Zulaufbauwerke, Absetzbecken, Überleitungs- und Verteilbauwerke, Filter bzw. Versickerungsbereiche, Auslaufbauwerke und Retentionsbecken. Zusätzlich kommen noch Wasserüberwachungssysteme, welche den pH-Wert, Durchfluss, Leitfähigkeit, Temperatur, Trübung etc. kontrollieren, hinzu. Dadurch werden die Umwelt, Seen, Bäche, Flüsse und weitere Infrastruktur (weiterführende Kanalnetze) geschont.

Bei der Auslegung und Auswahl der Art der GSA werden die Anzahl der Fahrstreifen, die notwendige Tunnelreinigungsfläche (Reinigungswässer), der fließende Verkehr und die Umweltgegebenheiten bzw. die Reinigungsstufe (Wasserschutzgebiet etc.) berücksichtigt. Aus diesen Parametern ergibt sich der Typ der GSA (mit/ohne Filterung, Messsysteme, Abscheidersysteme etc.) wie auch die zu verarbeitenden Mengen an Flüssigkeiten pro Zeiteinheit (vgl. 8. 800.100.1600 (2016), Seite 7 f.). Nicht alle GSA haben ein Filtersystem, das Schadstoffe ausfiltert und die Oberflächengewässer in die Umgebung abgibt. Bei solchen Anlagen erfolgt die

Bild 78: *Öffnung zum GSA Becken*

8 Einsatztaktik

Sammlung in Auffangsystemen (meist größer 100 m³), welche periodisch abgepumpt und der Entsorgung zugeführt werden.

Praxistipp:
Das Schlitzrinnensystem bietet beim Ausfluss von brennbaren Flüssigkeiten ein sehr hohes Sicherheitsniveau.
- Die horizontalen Öffnungen in den Schlitzbausteinen ermöglichen eine schnelle Aufnahme von Flüssigkeiten und reduzieren somit die Flüssigkeitsoberfläche auf der Fahrbahn.
- Der Einbau des Siphonsystems, durch welches eine Brandweiterleitung ausgeschlossen werden kann, bietet eine sehr hohe Sicherheit, um Explosionen zu verhindern.

Eingeschränkt wird das System durch die unbedingt notwendige zeitintensive Wartung der Rohre (Straßenstaub, Fahrzeugteile, Umwelteinflüsse) und der Siphons sowie deren Abdeckungen und Abdichtungen. Wird eine Wartung unterlassen, ist ein Flüssigkeitsabfluss nicht mehr gewährleistet.

Weiters zu beachten sind Pumpen und Hebeanlagen. Sind für den Abtransport von Flüssigkeiten technische Anlagen notwendig (Pumpwerke, Hebewerke, sonstige technische Anlagen), so besteht bei nicht explosionsgeschützter Ausführung der Anlagen allenfalls Explosionsgefahr.

Abgeleitete Flüssigkeiten werden in Auffangbecken gesammelt. Mögliche brennbare Flüssigkeiten können in diesem Bereich brennbare Gase entwickeln. Auch eine Umweltgefährdung durch eine Ableitung in Flüsse, Bäche oder durch Versickern liegt im Bereich des Möglichen.

Vergleich Freibereich und Straßentunnel

Die Lachengröße kann im Tunnel mit einer maximalen Fläche von 450 m² angegeben werden. Im Freibereich ist die Lachengröße nicht definierbar, da diese vom Entwässerungssystem abhängt. Bei Vorhandensein eines Entwässerungssystems, welches mit einem punktförmigen Ableitsystem ausgestattet sein kann, und wenn der Auslauf nicht in das angrenzende Gelände zu erwarten ist, kann annähernd die gleiche Lachengröße wie im Straßentunnel in Betracht gezogen werden. Aufgrund der raumabschließenden Wirkung der Tunnelkonstruktion wird von einer sehr hohen Explosionsgefahr bei hochflüchtigen brennbaren Flüssigkeiten wie auch Gasen (leichter, schwerer als Luft oder dichteneutrales Gas oder Dampf-Gas-Luft-Gemisch) ausgegangen.

Gewässerschutzanlagen bzw. der Auslauf in den natürlichen Bereich bedürfen aus Sicht des Umwelt- und Nachbarschaftsschutzes einer besonderen Vorgangsweise aufgrund der Kontamination der Umwelt mit etwaigen Schadstoffen. Tabelle 33

8.2 Entscheidungskriterien

vergleicht maßgebliche Parameter im Hinblick auf die Entwässerung im Straßentunnel mit dem Freibereich.

Tabelle 33: *Vergleich Entwässerung*

	Straßentunnel	Freibereich
Lachengröße	< 450 m²	nicht definierbar
Explosionsgefahr	hoch	gering
Entwässerungssystem	punktförmig, Schlitzrinne	punktförmig, kein techn. Abfluss
Gefälle	längs und quer	längs und quer
Gewässerschutzanlage	ja	teilweise

Info:

- **Lachengröße:** In Verbindung mit den bekannten Stoffeigenschaften lässt sich auf die Gefährlichkeit im Punkt Explosionsgefahr rückschließen. Gegebenenfalls können Einsatzmittel (Chemikalienbinder etc.) gezielt nachgefordert werden. Zu beachten ist, dass sich beim Einsatz von Chemikalienbindern die Oberfläche vergrößert und somit auch zu höheren Verdampfungsraten führt.
- **Entwässerungssystem:** Bei Schlitzrinnensystemen und punktförmigen Abläufen ist eine Brandausbreitung über einen Siphon praktisch ausgeschlossen. Eine schnelle und gezielte Flüssigkeitsableitung ist gegeben. Aufgrund der Konstruktion der Schlitzrinne ist eine Zündung des Luft-Gas-Gemisches darin sehr unwahrscheinlich.
- **Gewässerschutzanlage:** Abgeleitete brennbare Stoffe können im freien Bereich der Gewässerschutzanlage mit der vorhandenen Luft brennbare Gase entwickeln. Ist kein Auffangsystem vorhanden, ist eine zusätzliche Umweltgefährdung (Flüsse, Erdreich etc.) möglich.

8.2.9 Fahrzeuge mit alternativen Antrieben

Die Fahrzeugtechnologie schreitet bei der Entwicklung von alternativen Antrieben mit großen Schritten voran. Dabei gibt es folgende Entwicklungen:
- Elektrofahrzeuge
- Gasfahrzeugen

8 Einsatztaktik

- Wasserstofffahrzeuge
- Hybridfahrzeuge

Die Identifikation von Fahrzeugen mit alternativen Antrieben gestaltet sich meist schwierig. Aufgrund mangelnder Kennzeichnung und der meist komplexen Deaktivierungsprozedur, die nicht einheitlich für alle Fahrzeuge geregelt ist, ist hier meist ein Informationsdefizit vorhanden. Durch Fahrzeugdatenblätter oder auch Datenbanksysteme (nur geringe Verbreitung unter den Einsatzkräften) können Informationen zu den Fahrzeugen abgerufen werden. Seit Kurzem gibt es in diversen Ländern für solche Fahrzeuge Nummerntafeln in anderen Farben (in Österreich z. B. eine weiße Nummerntafel mit grünen Buchstaben und Zahlen oder in Deutschland die Vergabe von KFZ-Kennzeichen, die auf E enden an Elektro- und Hybridfahrzeuge).

Bild 79: *Österreichisches Kennzeichen eines Elektroautos*

Wasserstoffantriebe
Der Wasserstoff kann als Kraftstoff für einen Verbrennungsmotor, aber auch in Verbindung mit einer Brennstoffzelle zur Energiegewinnung genutzt werden, um einen Elektromotor zu betreiben. Hauptgefahren sind dabei Spannungen bis zu 700 Volt und der Wasserstoff als Element an sich. Wasserstoff hat eine geringe Dichte und einen hohen Diffusionskoeffizienten, wodurch dieser schnell verdunstet. Bei direkter Berührung können Erfrierungen entstehen. Die Mindestzündenergie von Wasserstoff ist sehr niedrig (0,02 mJ). Eine elektrostatische Entladung ist für eine Entzündung ausreichend (vgl. vfdb-MB Alternative Antriebe (2007), Seite 5 ff.).

Flüssiggasantriebe
Die mit Flüssiggas betriebenen Fahrzeuge arbeiten ähnlich einem Otto-Motor. Flüssiggas ist leicht entzündlich und schwerer als Luft. Der Tankinhalt kann zwischen 35 und 120 Liter variieren. Bei Eintritt der Gase in Kanäle oder Schächte und bei direkter Beflammung des Tankbehälters besteht Explosionsgefahr (vgl. vfdb-MB Alternative Antriebe (2007), Seite 8 ff.).

8.2 Entscheidungskriterien

Erdgasfahrzeuge
Druckbehälter in Erdgasfahrzeugen können mit 200 bar Erdgas gefüllt sein. Gasmengen bis zu 100 m^3 beim Umgebungsdruck sind möglich. Zusätzlich zu den brennbaren Eigenschaften des Erdgases kommt die betäubende Wirkung durch den Sauerstoffentzug hinzu. Austritt und Entzündung der Gase können zu einer Explosion führen (vgl. vfdb-MB Alternative Antriebe (2007), Seite 11 ff.).

Elektroantriebe
Fahrzeuge, welche mit Elektroantrieben ausgestattet sind, besitzen unterschiedliche Merkmale, die sie von konventionellen Fahrzeugen unterscheiden. Der essenziellste Unterschied ist die Hochspannungsbatterie und die davon ausgehenden Probleme bei der Menschenrettung (Schnitttechnik, Abschaltprozeduren etc.), bei Bränden (schwierige Löscharbeiten) und auch bei Bergungen und dem Austritt von Flüssigkeiten. Spannungen bis 1 000 V sind möglich. Bevor an diesen Fahrzeugen gearbeitet wird sollte:

- das Fahrzeug gesichert,
- die Zündung ausgeschaltet,
- die Lage von Hochvolt-Komponenten eruiert,
- die Fahrzeugbatterie abgeklemmt
- und das Fahrzeug und alle Hochvoltkomponenten nach Betriebsvorschrift des Betreibers deaktiviert werden.

Bei Einsätzen im Zuge von Leckagen ist jedenfalls Schutzbekleidung zu tragen (z. B. auslaufendes Elektrolyt). Bei der Brandbekämpfung ist es meist nicht möglich, die Fahrzeugkomponenten (Hochvoltkomponenten) in der Erstphase des Einsatzes zu deaktivieren, da man nicht an die Schaltsystem herankommt. In diesem Fall ist mit äußerster Vorsicht und Abstand an die Brandbekämpfung heranzugehen. Besondere Vorsicht ist auf Zusätze zu Löschmitteln sowie dem Löschmittel selbst zu richten, um nicht die Leitfähigkeit zu erhöhen und dadurch ungewollt einen großen Spannungstrichter zu erzeugen.

Es gibt verschiedene Typen von Akkumulatoren, die für die Serienfahrzeuge verwendet werden. Grundsätzlich sind das der Nickel-Metallhydrid-Akkumulator und der Lithium-Ionen-Akkumulator. Wobei Ersterer zwischenzeitlich beinahe vernachlässigt werden kann.

Bei Nickel-Metallhydrid-Akkumulatoren (NiMH-Akkus) sind Kaliumhydroxid und Natriumhydroxyd wichtige Bestandteile des Elektrolytes (pH-Wert der Lauge bis 13,5). Bei Bränden entstehen neben den elektrischen Gefahren toxische Gase,

8 Einsatztaktik

wodurch ein umluftunabhängiger Atemschutz immer zu tragen ist (vgl. vfdb-MB Alternative Antriebe (2007), Seite 3 ff.).

Ein Lithium-Ionen-Akkumulator (Lithiumionen-Akku) ist ein Akku mit elektrochemischen Zellen, welche auf Basis von (Elektrolyt, Elektrode etc.) Lithium gefertigt werden. Der große Vorteil im Vergleich zu anderen Akkumulatortypen ist die Möglichkeit, eine hohe spezifische Energie auf relativ geringem Volumen und Gewicht zu speichern. Allerdings sind diese Akkus nur mit speziellen Schutzschaltungen gefahrenlos zu betreiben. Mechanische Beschädigungen, welche zu Kurzschlüssen führen, können den Akku durch Auftreten von Wärme in Folge von hohen Strömen entzünden. Dadurch kann es wiederum zu chemischen Reaktionen kommen, die eine thermische Zersetzung in Gang bringen (der sogenannte thermal Run-Away). Diesen zu stoppen ist, wenn überhaupt, nur mit hohem Aufwand möglich. Umluftunabhängiger Atemschutz und das Arbeiten mit Schutzbekleidung der Stufe 1 ist dabei von essenzieller Bedeutung. Durch chemische Reaktionen kann es zum Austritt von Flusssäure oder Flusssäuredämpfen kommen. Nach derzeitigem Stand der Löschtechnik und Löschtaktik ist das Verwenden von viel Wasser das Mittel der Wahl. Dabei ist auch das kontaminierte Löschwasser (ggf. Messungen durchführen) sowie ein nach dem Brand gesicherter Abstellplatz für das Fahrzeug (ggf. Werkstatt, Inverkehrbringer oder Besitzer befragen) mit in die jeweiligen taktischen Überlegungen aufzunehmen (Löschwasserkontamination).

Bild 80: *Brand eines Elektrofahrzeuges in Linz (Quelle: Berufsfeuerwehr Linz (2017), Brand Elektrofahrzeug)*

8.3 Absperrmaßnahmen

Viele Versuchsreihen haben gezeigt, dass sich die Brandlast und die Rauchmenge von elektrisch betriebenen Fahrzeugen ähnlich wie die der konventionell mit Benzin oder Diesel betriebenen Fahrzeuge verhält. Zu beachten ist dabei, dass sich die Reaktionen überhitzter Akkumulatoren meist nicht stoppen lassen und das Fahrzeug nach der Brandbekämpfung sicher in einem abgesperrten Bereich abgestellt werden sollte.

8.3 Absperrmaßnahmen

8.3.1 Örtliche Absperrmaßnahmen – Raumordnung

Zur Sicherung der Einsatzkräfte und zum Schutz vor unbefugtem Zutritt von Personen ist nach der Erkundung ein innerer Absperrbereich festzulegen. Dabei stellt dies die Grenze zum Gefahrenbereich (Wirkzone + Sicherheitszone = Gefahrenzone) dar. Ohne besondere Schutzmaßnahmen und besondere Ausbildung darf dieser Bereich nicht betreten werden. In die Größe des Absperrbereiches fließen Überlegungen zu folgenden Themen ein:
- Wetter (Windrichtung)
- Topographie (Umgebung, Bebauung etc.)
- Gefahrstoff (z. B. Explosivstoffe, ionisierende Strahlung abgebende Stoffe)
- Einsatzsituation (z. B. Brand oder Austritt ohne Brand)

Um diese innere Absperrgrenze wird eine äußere Absperrgrenze um das Schadensgebiet festgelegt. Zwischen der inneren und äußeren Absperrgrenze halten sich, wie in Bild 81 dargestellt, die Einsatzkräfte (Personal ohne Schutz, Fahrzeuge, Dekontaminationsplatz etc.) auf. Darüber hinaus sind dort die Einsatzleitung, Sicherstellung des Brandschutzes, Reserve und Rettungstrupps, Rettungsdienst und die Polizei sowie eventuell notwendige Reserven (Fahrzeuge, Personal, Geräte) situiert (vgl. BRANDSchutz (2017), Seite 961 f.). Bild 81 zeigt die Absperrzonen bei einer Straßentunnelanlage im Portalbereich. Die Bereitstellungsräume für Feuerwehr, Polizei und Rettungsdienst sowie der Dekontaminationsplatz befinden sich im Bereitstellungsraum.

In der Anfangsphase eines Einsatzes sind keine Messwerte von Explosionsmessgeräten, Prüfröhrchen etc. vorhanden. Dies bedingt eine großzügige Bemessung der Grenzen, welche im Laufe des Einsatzes angepasst werden können.

8 Einsatztaktik

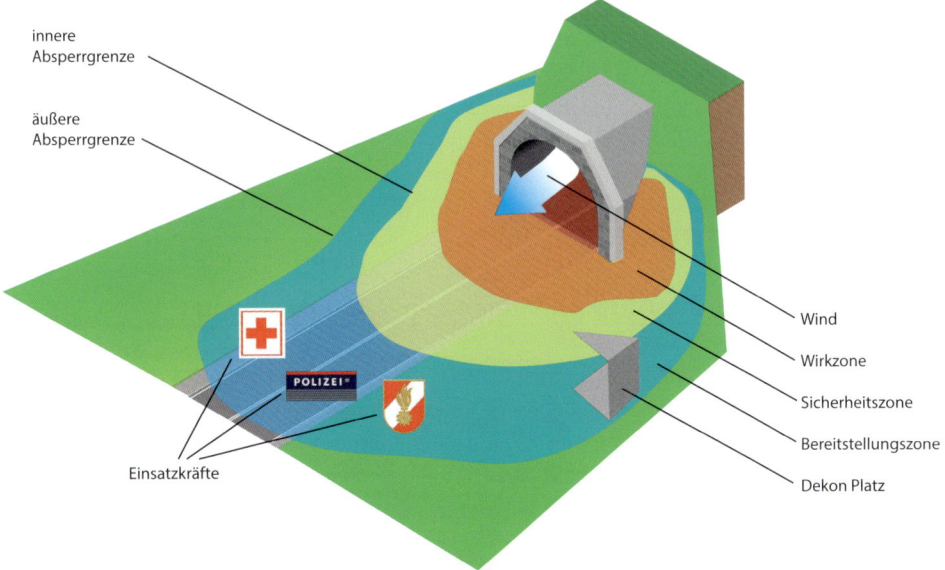

Bild 81: *Absperrzonen Tunnelportal*

Vergleich Freibereich und Straßentunnel
Tabelle 34 vergleicht die örtlichen Absperrmaßnahmen im Straßentunnel mit dem Freibereich. Im Straßentunnel ist aufgrund der (meist) indirekten Erkundung über Drittsysteme (Videoanlagen) eine Abschätzung von Parametern, die für Absperrbereiche notwendig sind, äußerst schwierig. Diese Bereiche beschränken sich auf das Portal der Tunnelanlage bzw. auf andere Zugänge zur Anlage. Im Freibereich ist auf vorhandene Topographie, Besiedelungen, Windrichtung usw. zu achten. Kontamination von Flüssen, Bächen, Kanalisation und dergleichen können die Absperrgrenzen erheblich beeinflussen.

8.3.2 Sonstige Absperrmaßnahmen

Absperren, Auffangen
Ein weiteres Ausströmen von gefährlichen Gütern (Flüssigkeiten, Gasen) und auslaufenden Betriebsmitteln ist so weit wie möglich einzudämmen oder mit den zur Verfügung stehenden Mitteln zu unterbinden. Dazu können Planen, Behälter, Spill Bags, Auffangwannen (evtl. faltbar), Keile, Stoffreste, Leckdichtpasten oder Holz-

8.3 Absperrmaßnahmen

pfropfen und dergleichen eingesetzt werden. Im Freibereich ist dies aufgrund der kurzen Wegstrecken meist kein Problem. In Tunnelanlagen wird ein direktes Auffangen erst in einer späteren Phase des Einsatzes stattfinden, da die Erkundung hier einige Zeit in Anspruch nehmen wird. Zu beachten sind allenfalls die Flüssigkeitsverteilung über das Gelände, Kanalisation oder die Tunnelentwässerung. Das Aufbringen von aufsaugenden Mitteln (Chemikalienbindern) auf die Oberfläche ist bei Flüssigkeiten mit Bedacht einzusetzen, da aufgrund der Oberflächenvergrößerung mit einer höheren Verdampfungsrate gerechnet werden muss. Dies führt wiederum zu einer Veränderung des Explosionsbereiches (vgl. BRANDSchutz (2017), Seite 980).

Brandausbreitung, Kühlung von Behältern
Die Verhinderung der Brandausbreitung auf benachbarte Fahrzeuge, Gebäude oder das Schützen von nicht vom Brand betroffenen Bereichen oder Behältern (z. B. Gastanks, Benzintanks) ist soweit es die Situation zulässt, durchzuführen.

Tabelle 34: *Vergleich der örtlichen Absperrmaßnahmen*

	Straßentunnel	Freibereich
innerer Absperrbereich	endet außerhalb der Portalbereiche	je nach Topographie, Windrichtung, Gefahrstoff festzulegen
äußerer Absperrbereich	endet außerhalb der Portalbereiche	je nach Topographie Windrichtung, Gefahrstoff festzulegen
Wirkzone	meist direkt auf den Tunnel und Portalbereich beschränkt	je nach Topographie, Windrichtung, Gefahrstoff festzulegen
Wind	Geschwindigkeit und Austrittsöffnung definiert	Windrichtung und Windgeschwindigkeit können sich situativ ändern

Vergleich Freibereich und Straßentunnel
Das direkte Absperren und Auffangen und somit die Eindämmung der Ausbreitung ist im Freibereich aufgrund der kürzeren Wege und der oftmalig vorhandenen Sicht auf die Einsatzsituation bzw. Schadensstelle einfacher. Zündquellen sind sowohl im Freibereich wie auch im Bereich der Tunnelanlage sehr viele vorhanden. Eine etwaige Explosion kann sich aufgrund der räumlichen Einschränkung im Tunnel noch verheerender auswirken als im Freibereich (siehe Tabelle 35).

8 Einsatztaktik

Praxistipp:

Eine der vorrangigsten Aufgaben der Einsatzkräfte, neben der Rettung und dem in Sicherheit Bringen von Menschen, ist das Vermeiden von größeren Schäden als jene, welche bereits bis zum Eintreffen der Feuerwehr entstanden sind. Maßnahmen, die die Vergrößerung des Schadensausmaßes (Absperren, Kühlen von Sekundärbereichen etc.) wie auch zusätzlich eingebrachte Gefahren durch das Zuführen von neuen Quellen (z. B. Zündquellen durch feuerwehreigene Ausrüstung oder taktische Vorgangsweisen) sollen dabei so weit wie möglich ausgeschlossen werden. Die Lage zu stabilisieren (nur mehr geringe Lageänderungen) und stationär zu halten (keine weitere Ausbreitung der Situation mehr) sind die vorrangigen Ziele der Absperrmaßnahmen. Dies kann von der kleinsten Einsatzeinheit beginnend bis zu den Spezialeinheiten unter Zuhilfenahme der ACE-Regel durchgeführt werden.

Tabelle 35: *Vergleich Sonstige Absperrmaßnahmen*

	Straßentunnel	**Freibereich**
Absperren, Auffangen	kompliziert, aufgrund langer Anmarschwege	einfach
Brandausbreitung verhindern, Kühlung von Behältern	schwierig	einfach
Zündquellen	statische Aufladung, Werkzeuge, elektrische Geräte, elektrische Anlagen, Reibung, Glut, Bremsen, chemische Reaktion, erwärmte Ladung, überhitzte Lager	statische Aufladung, Rauchzeug, Feuerzeug, Werkzeuge, elektrische Geräte, Verbrennungskraftmaschinen, Reibung, Glut, Bremsen, chemische Reaktionen, Ladung in erwärmtem Zustand, überhitzte Lager

8.4 Menschenrettung

Eine Menschenrettung ist eine zeitkritische Situation, die unter allen Umständen priorität zu behandeln ist, da sich dabei mindestens ein Menschenleben in Gefahr befindet. Die ausgetretenen, gefährlichen Güter bei einem Schadstoffeinsatz sind dabei besonders zu beachten. Unter Einbeziehung der 4-A-Regel (siehe Kapitel 8.1.5.3) und der Verwendung des Mindestschutzes (Chemikalienschutzhandschuhe, Chemikalienschutzstiefel, umluftunabhängiger Atemschutz und Einsatzbekleidung der Schutzstufe I) ist vorzugehen. Das Abwägen der Gefahren durch

8.4 Menschenrettung

Einsatz von technischen Geräten ist elementar, um keine ungewollte Zündung durch Funken etc. einer eventuell vorhandenen explosionsfähigen Atmosphäre hervorzurufen (vgl. BRANDSchutz (2017), Seite 981).

Eine Beurteilung der Eigengefährdung der Einsatzkräfte ist aufgrund von Abgeschiedenheit, indirekter Erkundung oder auch unbekannten Gefahren (Stückguttransport) eine schwierige Ermessensaufgabe. Eine genaue Erkundung von Stoffen, das Nachschlagen oder Kenntnisse über die Konzentration (Messung durchführen) zu erlangen, würden im Einsatz für eine Menschenrettung meist zu lange dauern. Für die erste Lagebeurteilung muss man sich auf die vorhandenen Informationen aus Beschriftungen (Gefahrenzettel, Plänen etc.), Meldungen (Unfallbeteiligte, Betriebspersonal etc.) und Videoüberwachung als Informationsgrundlage stützen. Bei Personen, die offensichtlich durch mechanische Einwirkung (Einklemmung etc.) verletzt sind und ansonsten auf Reize reagieren (ansprechbar sind), kann auf eine zumindest nicht sofortige Wirkung von Gefahrenstoffen auf den Menschen ausgegangen werden.

Sind bei der Erkundung eine oder mehrere Personen ohne offensichtlich erkennbaren Grund leblos an der Einsatzstelle, so ist eine hohe toxische Wirkung auf den Menschen zu unterstellen (z. B. bei Biogasanlagen, pharmazeutischen Anlagen). Die Menschenrettung ist so schnell wie möglich (Crash-Rettung) durchzuführen, um die Exposition in der gefährlichen Umgebung mit den ausgetretenen Stoffen so gering wie möglich zu halten (vgl. BRANDSchutz (2017), Seite 982).

Eine Not-Dekontaminationsstelle für die Einsatzkräfte und für die geretteten Menschen ist vorzusehen und am Rand der Gefahrenzone vorzubereiten. Diese muss noch vor Beginn der Rettungsaktion bereitgestellt werden, um eine schnellstmögliche Dekontamination nach dem Einsatz zu gewährleisten (vgl. BRANDSchutz (2017), Seite 982).

Tabelle 36: *Vergleich Menschenrettung*

	Straßentunnel	Freibereich	Info
Anmarsch/Rückmarsch	bis zu 500 m im Tunnel + je nach Einsatzort ist ein Vorportal oder Querschlag zu durchqueren	innerer Absperrbereich, in der Regel 50 m, bei ausgewählten gefährlichen Gütern ist mit mehreren hundert Metern zu rechnen	

Tabelle 36: *Vergleich Menschenrettung – Fortsetzung*

	Straßentunnel	Freibereich	Info
Geräteeinsatz	hoher Aufwand (Weg), Explosionsgefahr beachten	Explosionsgefahr beachten	
Schutzausrüstung	Schutzstufe I + Chemieschutzhandschuhe + Chemieschutzstiefel + umluftunabhängiges Atemschutzgerät	Schutzstufe I + Chemieschutzhandschuhe + Chemieschutzstiefel + umluftunabhängiges Atemschutzgerät	
Gefahren	physische und psychische Belastung, Beständigkeitsdauer wird überschritten, Rettung eines verunglückten Atemschutzträgers sehr schwierig	hauptsächlich physische und psychische Belastung	Durch den langen Anmarschweg können kurzfristige Interventionen von außerhalb des Gefahrenbereiches (z. B. Einsatz eines Rettungstrupps) nur verzögert eingesetzt werden
Konzept	Selbstrettungskonzept	nicht definiert	

Grundsätzlich gilt in Tunnelanlagen das Selbstrettungskonzept. Eine dennoch notwendige Menschenrettung ist auf Basis von unvollständigem Wissen zeitnah zu beginnen. Im Straßentunnel sind je nach Entfernung vom Querschlag die Abstände in der Schadensröhre zu bewältigen. Das Vorhandensein bestimmter Stoffgruppen (u. a. Explosivstoffe) kann zum Ausschluss oder zumindest zu großen Einschränkungen bei der Menschenrettung führen, solange nicht sichergestellt werden kann, dass die Einsatzkräfte den Gefahrenbereich wieder sicher verlassen können (siehe Tabelle 37) (vgl. BRANDSchutz (2017), Seite 982 ff.). Bild 82 zeigt die Menschenrettung aus einer Tunnelanlage während einer Übung. Verwendet werden dabei Fluchtfiltermasken für die zu rettende Person.

8.5 Lüftung/Luftstrom

Bild 82: *Menschenrettung (Quelle: Berufsfeuerwehr Linz (2018), Einsatzübung Tunnel Bindermichl)*

8.5 Lüftung/Luftstrom

Ausgetretene gefährliche Güter vermischen sich mit der im Tunnel vorhandenen Luft und ergeben daraus einen gewissen Anteil der vorhandenen Atmosphäre im Tunnel. Die kritischen Anteile von Schadstoffen können sehr gering sein und bereits im Messbereich von 1 bis 1 000 ppm bei kurzzeitiger Einwirkungsdauer schädigend für den Menschen sein. Beurteilungswerte (Grenzwerte) für diese Konzentrationen kommen in der Regel aus den Arbeitnehmerschutz- bzw. Umweltschutzvorschriften und sind der ERPG-Wert (Emergency Response Planning Guidlines), der AEGL-Wert (Acute Exposure Guidline Level) wie auch der für die Einsatzkräfte relevante ETW-Wert (Einsatztoleranzwert) (Vergleich siehe Tabelle 37). Spontanfreisetzungen im Zuge von Behälterzerstörungen können diese Werte um das Vielfache überschreiten (vgl. Pleß, Georg; Seliger, Ursula (2009), Seite 39 f.). Flüssig austretende Schadstoffe, welche eine Lache bilden, erhöhen durch Verdunstung die Schadstoffkonzentration in der Luft. Um die Schadstoffkonzentration über die Luftgeschwindigkeit zu reduzieren, muss die Verdunstungsfläche (Lachenoberfläche) sehr gering sowie die Luftgeschwindigkeit sehr hoch sein. Bei großen Lachenflächen ist die Erhöhung der Luftgeschwindigkeit kontraproduktiv, da dies zu einer Erhöhung der Verdunstungsrate führt (vgl. Pleß, Georg; Seliger, Ursula (2009), Seite 40 f.).

Tabelle 37: *Störfallbeurteilungswerte (vgl. TLUG (o. A.)*

Wert	Maßeinheit	Info
AEGL-1	ppm mg/m^3	luftgetragene Stoffkonzentration; leichte Geruchs-, Geschmacks- oder sensorische Reizungen
AEGL-2	ppm mg/m^3	luftgetragene Stoffkonzentration; irreversible, schwerwiegende, langandauernde Wirkung auf die Gesundheit
AEGL-3	ppm mg/m^3	luftgetragene Stoffkonzentration; lebensbedrohliche oder tödliche Wirkung auf die Gesundheit
ERPG-1		maximale luftgetragene Konzentration, der Individuen bis zu einer Stunde ausgesetzt werden können, bei denen angenommen wird, dass nur leichte, vorübergehende Gesundheitseinwirkungen entstehen
ERPG-2		maximale luftgetragene Konzentration, der Individuen bis zu einer Stunde ausgesetzt werden können, bei denen angenommen wird, dass keine irreversiblen, gravierenden Gesundheitsschäden entstehen
ERPG-3		maximale luftgetragene Konzentration, der Individuen bis zu einer Stunde ausgesetzt werden können, ohne lebensbedrohende Wirkung zu entwickeln
ETW		Bewertungskriterium im Schadstoffeinsatz für Einsatzkräfte. Keine gesundheitliche Gefährdung ungeschützter Einsatzkräfte oder der Bevölkerung. Zeithorizont: 4 Stunden.

Vergleich Freibereich und Straßentunnel

Die Beeinflussung der Verdampfung durch einen Luftstrom erfolgt in Straßentunnelanlagen mit einer natürlichen Lüftung (vgl. sehr kurze Tunnelanlagen) wie auch mit mechanischen Belüftungsanlagen (Längslüftung und Querlüftung). Durch Einsetzen von Hochleistungsbelüftungsgeräten der Feuerwehr kann diese Strömung verstärkt, abgeschwächt oder die Richtung verändert (im Portalbereich) werden. Die Verbreitung der Konzentration erfolgt gerichtet durch diesen vorgegebenen (mecha-

8.5 Lüftung/Luftstrom

nischen oder natürlichen) Luftstrom im Tunnel und kann an den jeweiligen Portalen bzw. an den Entlüftungsöffnungen austreten.

Im Freibereich ist der natürliche Luftstrom durch das Wetter (Thermik etc.) ausschlaggebend für Geschwindigkeit, Konzentrationsverteilung und Richtung (horizontale, aber auch vertikale Strömung). Die Windströmung ist dabei hochgradig turbulent. Die Umgebung ist nicht strukturiert. Durch Bäume, Infrastruktur, Gebäude, welche eine verschiedene Oberfläche besitzen, erfolgen Durchmischungen, Umlenkungen usw. Eine Einwirkmöglichkeit auf die Verteilung des Schadstoffes seitens der Einsatzkräfte ist nicht vorhanden (siehe Tabelle 38).

Tabelle 38: *Vergleich Lüftung*

	Straßentunnel	**Freibereich**
Luftstromgeschwindigkeit	regelbar, 0 m/s bis ca. 10 m/s	nicht regelbar, hohe Luftstromgeschwindigkeit möglich
Ausbreitungsrichtung	vorgegeben	nicht regelbar, natürlicher Luftstrom, keine Beschränkung
Verdunstung	beeinflussbar	nicht beeinflussbar
Austrittsbereiche	Portale, Lüftungsöffnungen	360° vom Austrittsort

Auswirkung auf die Intervention der Einsatzkräfte

Die Abschätzung der Gefährlichkeit und der Ausbreitung aufgrund der natürlichen Luftströmung beeinflusst den Einsatz im Freibereich im hohen Maße. Auf folgende Planungen kann dies Auswirkungen haben:

- Aufstellungsbereiche (Einsatzleitung, Dekonplatz etc.)
- Absperrbereiche (innerer Absperrbereich, äußerer Absperrbereich)
- Evakuierungen (Bevölkerung)
- Umweltauswirkungen (Flora und Fauna)

Im Straßentunnel ergeben sich immer die gleichen Voraussetzungen. Die Einsatzplanung kann dabei sehr detailliert vorgearbeitet werden, da Austrittsöffnungen definierbar, angrenzende Strukturen bekannt sind und Austrittsbereiche (Absperrbereich) überlegt werden können. Ausnahme bilden dabei die atmosphärischen Verhältnisse, welche an den Öffnungen (Portalen, Lüftung etc.) der Tunnelanlage vorherrschen.

8 Einsatztaktik

8.6 Dekontamination

Unter Kontamination wird die Verunreinigung einer Oberfläche von Lebewesen, der Umwelt, Gewässern, Gegenständen mit radioaktiven, biologischen oder chemischen Substanzen verstanden. Schadstoffe können z. B. aufgrund eines Unfalles in die Umgebung freigesetzt werden und zu einer Kontamination führen. Eine Verschleppung der ausgetretenen Stoffe kann zu einer Ausbreitung der Kontamination (Kontaminationsverschleppung) führen (vgl. Kühar (2007), Seite 9 f.). Kontaminationen von festen Stoffen sind meist leicht entfernbar, da zu anderen Oberflächen nur ein geringer Kontakt (kleine Grenzfläche) besteht (vgl. Kühar (2007), Seite 14). Eine Oberflächenkontamination mit Gasen ist in den wenigsten Fällen möglich. Das Eindiffundieren in Materialien bedarf meist einer längeren Einwirkzeit (vgl. Kühar (2007), Seite 15). Bei Flüssigkeiten ist eine Benetzung aufgrund der Oberflächenspannungen möglich (bei Stoffen unterschiedlich hoch). Der variable Kontakt erleichtert die Anhaftung an Oberflächen. Wesentlich ist dabei der Siedepunkt der jeweiligen Flüssigkeit. Flüssigkeiten mit niedrigem Siedepunkt kontaminieren die Oberfläche nur in einem sehr kurzen Zeitbereich, da sie dann verdunsten. Hohe Siedepunkte erschweren das Verdampfen. Eine Lösung von Schwebstoffen, Feststoffen und Gasen in Flüssigkeiten ist möglich (vgl. Kühar (2007), Seite 15 f.).

Das Entfernen oder Beseitigen dieser Stoffe wird als Dekontamination bezeichnet. Dabei ist eine Beseitigung von biologischen Stoffen, das Entfernen von Strahlungsquellen oder auch das Reinigen der Ausrüstung, Bekleidung etc. von gefährlichen Flüssigkeiten gemeint. Eine hundertprozentige Entfernung von Schadstoffen ist nur in Ausnahmefällen möglich (vgl. Kühar (2007), Seite 19 f.). Mit Rückständen muss gerechnet werden. Dabei werden mechanische oder physikalische Maßnahmen (Abwaschen, Verdampfen, Abdecken, Absorption etc.) oder chemische Verfahren (Neutralisieren, Verbrennen etc.) eingesetzt.

Info:
Für die Dekontamination sind Daten von Stoffen und deren Eigenschaften notwendig. Das Dekontaminieren kann äußerst personalintensiv ablaufen und soll immer unter maximalen Sicherheitsvorkehrungen durchgeführt werden. Ist die Dekontamination nicht vollinhaltlich möglich sollte über eine fachgerechte Entsorgung der kontaminierten Gegenstände und eine Neuanschaffung nachgedacht werden.

9 Taktikschema

Aus den in den einzelnen Kapiteln in sehr hoher Detailtiefe bearbeiteten Punkten können nun Ablaufschemata für einen Einsatz im Zuge von Schadstoffaustritten in Straßentunnelanlagen abgeleitet werden. Je nach Einsatzsituation können relevante Punkte hinzukommen oder überflüssige Elemente weggelassen werden.

Basierend auf der GAMS Regel (siehe Kapitel 8.1.5.1) ist für die ersteintreffende Mannschaft die Beachtung der 4A-Regel und der ACE-Regel von elementarer Bedeutung. Die Kenntnisse der eigenen Lage (hier vor allem die eigenen Ressourcen wie auch die Objektkenntnis) sind dabei wichtig. Die Vorhaltung von Reserven bzw. Nachalarmierung von Einsatzkräften zur richtigen Zeit sollte man immer im Auge behalten. Die Erkundung über die im Tunnel vorhandenen Systeme oder der Einsatz von Erkundungstrupps sind dabei die »Augen und Ohren« des Einsatzleiters. Vorhandene Explosionsgefahren oder sehr lange Anmarschstrecken wie auch unklare Situationen führen baldigst an die Einsatzgrenzen. Absperrmaßnahmen, der Aufbau von Brandschutz, das Besetzen der Gewässerschutzanlagen, eventuell auch eine Evakuierung eines Bereiches außerhalb der Tunnelanlage, wo eine Wirkung erwartet wird, sind weiters zu betrachten.

In Tunnelanlagen gilt als Rettungskonzept grundsätzlich die Selbstrettung. Trotzdem kann nicht ausgeschlossen werden, dass bei der Flucht Personen zu Sturz gekommen sind, in ihren Fahrzeugen eingeschlossen und verletzt sind oder gar keine Flucht möglich ist. Bei diesen Situationen kommt allenfalls eine Fremdrettung in Betracht.

Kann mit den eingesetzten Kräften keine vollständige Klärung der Situation durchgeführt werden, so sind Spezialkräfte hinzuzuziehen. Diese können einerseits als Fachberater, als behördliche Organe wie auch mit speziellen Geräten und Taktiken (TUIS) tätig werden. In der Einsatzvorbereitung sollten diese Spezialkräfte mit ihren Zuständigkeiten und Fähigkeiten (z. B. Privatfirmen mit Tanks, Pumpen etc.) sowie deren Erreichbarkeit aufgelistet werden. Bild 83 stellt ein mögliches Ablaufschema mit Verknüpfung relevanter Punkte und Merkregeln dar.

9 Taktikschema

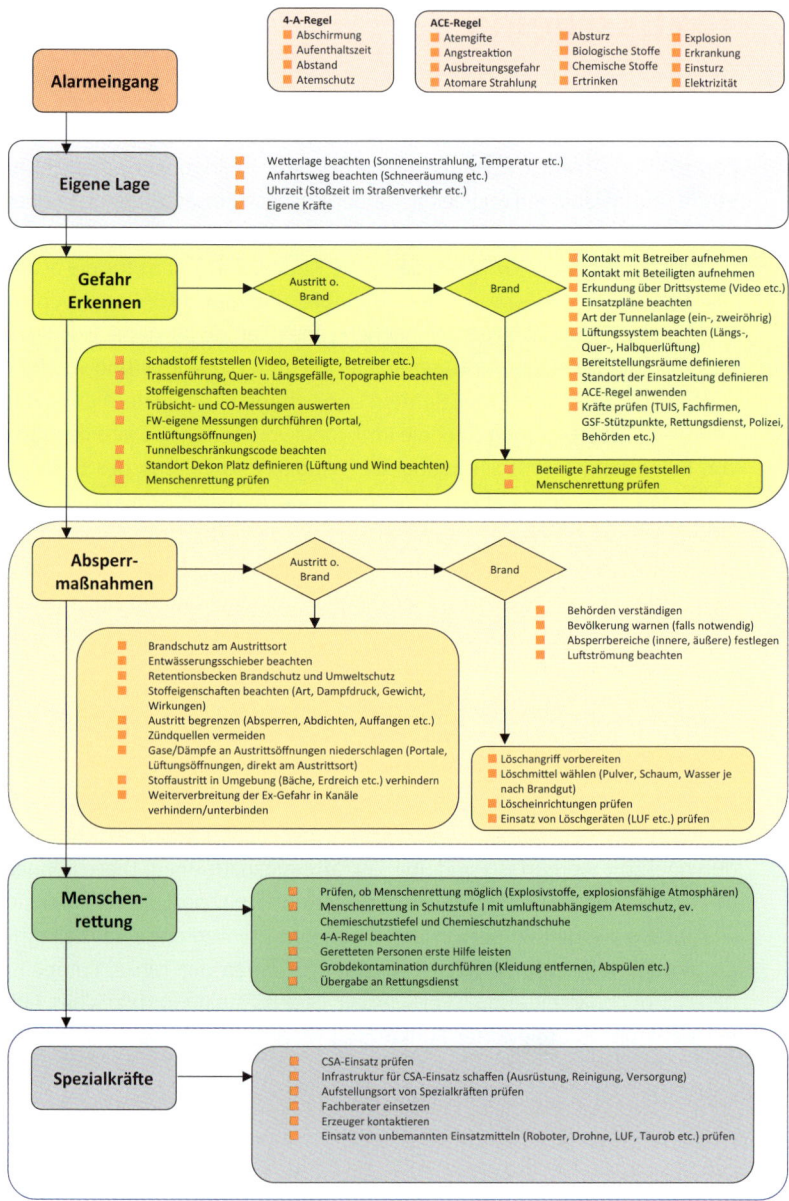

Bild 83: Taktisches Ablaufschema

10 Nach dem Ereignis

Nach einem Ereignis – egal ob es ein Brand-, ein technischer oder ein Gefahrguteinsatz war – muss der Tunnel wieder für den Verkehr freigegeben werden. Je kürzer die Zeit bis zur Wiederinbetriebnahme ist und je weniger Instandsetzungsarbeiten notwendig sind, desto geringer ist der volkswirtschaftliche Schaden. Nach den Bränden im Mont Blanc Tunnel war dieser für eine Dauer von ca. drei Jahren gesperrt. Die Sanierung nach dem Tunnelbrand im Tauerntunnel hat mit ca. 28 Millionen Euro zu Buche geschlagen. Während dieser Zeit müssen Ersatzmaßnahmen bzw. -wege, über welche der Verkehr weiterläuft, genutzt werden. Dabei

- steigt die Gefahr von Unfällen in den Regionen.
- tritt eine Lärmbelästigung für die Anwohner auf.
- erhöht sich der Schadstoffausstoß von Fahrzeugen aufgrund von größeren Weglängen.
- entsteht ein Zeitverzug durch meist längere Wegstrecken.
- entsteht eine hohe Belastung der Infrastruktur (Straßen).
- entstehen hohe Kosten für die Reparaturarbeiten der Tunnelanlage.
- …

Diese Aufzählung lässt sich um sehr viele Punkte erweitern und wird wahrscheinlich nie vollständig sein. Um hier die Auswirkungen nach einem Schadensereignis in begrenztem Maße zu halten (vermeiden werden sich Ereignisse nie lassen), gibt es viele Ansatzpunkte, welche positiven Einfluss nehmen können. Betrachtet man einzig und allein die Möglichkeiten der Einsatzkräfte, so sind folgende zu nennen:

- Ortskenntnis der beteiligten Einsatzkräfte
- Ausbildung in Bezug auf Tunnelanlagen, Atemschutz, taktischem Vorgehen der Trupps und Einsatzleitung
- Ausrüstung der Löschtrupps und der Einsatzkräfte
- ausreichende Anzahl an Atemschutzträger (inklusive ausreichender Reservemannschaft)
- Organisation an der Einsatzstelle (wer macht wo, was, wann, wie)
- geringe Erkundungszeiten aufgrund bekannter Abläufe
- Kommunikationsübungen (Welche Kanäle werden benutzt, wie heißen die Portale, Regulierung von Bezeichnungen wie z. B. FQ, GQ etc.)
- Anfahrts-, Aufstellungs-, Einsatzpläne

10 Nach dem Ereignis

- Planspielübungen mit allen Einsatzorganisationen durchführen (Kennenlernen der anderen Organisationen und Personen)
- gestaffelte Alarmierung, womöglich nach Tageszeit (Tageseinsatzbereitschaft beachten)
- Übergabeplätze von Verletzten definieren
- gemeinsame Einsatzleitung von Feuerwehr, Rettungsdienst, Polizei, Behörden, Betreiber etc.
- ...

Durch gezieltes und überlegtes Handeln der Feuerwehr können diese Zahlen (Kosten und Sperrzeiten) erheblich reduziert werden. Dabei dürfen sich die Einsatzkräfte als moderne Problemlöser sehen, die nicht nur die Schadenlage bzw. die Lösung derer im Auge haben, sondern einen oder zwei Schritte weiterdenken und die möglichen Folgen und die Reduktion dieser im Fokus haben. In diesem Fall sind wir nicht nur der Problemlöser, sondern auch moderner Dienstleister, der die Folgen seines Handelns langfristig im Auge behält.

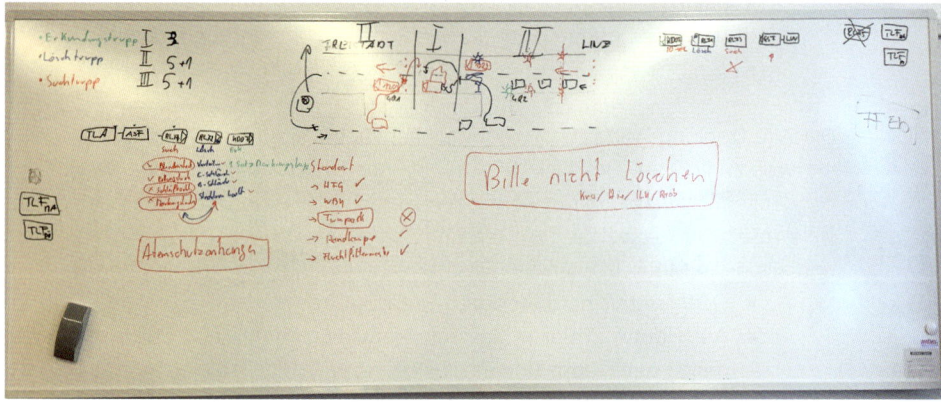

Bild 84: *Einfache Lagedarstellung*

Fazit

Die vielen Informationen auf den Seiten des Buches sollen uns Aufschluss über die Einsatzgrundsätze bei einem Schadstoffeinsatz in einer Straßentunnelanlage geben. Zieht man etwaige grundlegend wichtige Parameter wie z. B. den Faktor Zeit ins Kalkül, erscheinen oftmalig vorhandene Einsatzgrenzen nicht mehr als unüberwindbar.

Um ein Einsatzszenario bzw. Austrittsszenario bewerten zu können, sind eine Reihe beeinflussender Faktoren (siehe Tabelle 39) zu berücksichtigen. Dabei werden die Einflussfaktoren zu den jeweiligen Aggregatzuständen verknüpft und mit »geringem Einfluss«, »mittlerem Einfluss« und »hohem Einfluss« auf die Einsatzsituation bewertet

Tabelle 39: *Einflussfaktoren*

Randbedingung	Parameter	gas	fest	flüssig
Aggregatzustände	fest/flüssig/gasförmig	hoch	hoch	hoch
Art der Freisetzung	spontan/kontinuierlich	hoch	gering	hoch
Stoffeigenschaften	Dichte, Dampfdruck, Leitfähigkeit etc.	gering	gering	hoch
Umgebungsbedingungen	Temperatur, Druck, Zuluft, Lochgröße	gering	gering	hoch
Eigenart	explosionsfähig, toxisch	hoch	gering	hoch
Ablaufarten	Lachenfläche, Freisetzungsarten etc.	gering	gering	hoch
Auffangarten		gering	gering	hoch
Strömungsgeschwindigkeit		hoch	mittel	hoch
Gaseigenschaften	Schwergas/Leichtgas/ toxisch	hoch	–	–
Lüftung	Natürliche-, Längs-, Querlüftung	hoch	gering	hoch
Eindringtiefe	mögliche, erforderliche Eindringtiefe	hoch	gering	hoch

Fazit

Tabelle 39: *Einflussfaktoren – Fortsetzung*

Randbedingung	Parameter	gas	fest	flüssig
Transport	Mengen, Verpackung	hoch	hoch	hoch
Menschenrettung		hoch	hoch	hoch

Ausgehend von den Aggregatzuständen ergeben sich folgende Rahmenbedingungen:

- **Fester Aggregatzustand:** Unter Berücksichtigung der Stoffeigenschaft und Anwendung der korrekten Einsatztaktik in Bezug auf den Schutz der Einsatzkräfte ist der Austritt eines festen Produktes als nicht limitierend anzusehen. Die Ausbreitungsgefahr ist gering und Kontamination von Tunnelbauwerk und Umgebung kann unter Kontrolle gebracht werden.
- **Gasförmiger Aggregatzustand:** Die Art der Freisetzung, die Eigenschaften, Eigenarten, Umgebungsbedingungen, Lüftung etc. sind ausschlaggebend für das Szenario mit Beteiligung von gasförmigen Stoffen bei Produktaustritten. Vor allem die Eigenart des Gases (Explosionsfähigkeit, toxische Wirkung etc.) ist in der Erstphase eines Einsatzes ein ausschlaggebender Parameter.
Die Ausbreitung im Tunnelbauwerk sowie im Freibereich an den Portalen und den angrenzenden Topologien (Gebäude, Wanderrouten etc.) – hier vor allem in Großstädten mit hohen Bebauungsdichten – kann zu weitreichenden Beeinträchtigungen führen.
- **Flüssiger Aggregatzustand:** Zusätzlich zu den Rahmenbedingungen des gasförmigen Zustandes (Verdampfung von Flüssigkeiten) ist der Flüssigkeitsablauf zu berücksichtigen. Das Tunnelentwässerungssystem ist auf vorgegebene (siehe RVS-Richtlinien) Abflussmengen ausgelegt. Hierbei wird nur in sehr wenigen Bereichen auf die Art des Schadstoffes (z. B. Benzin) etc. eingegangen. Die Weiterverbreitung durch die Ablaufschächte bis hin zu den Gewässerschutzanlagen muss in die Einsatztaktik mit aufgenommen werden. Explosionsfähige Atmosphären weit ab der Einsatzstelle (im Tunnel sowie außerhalb bei den Gewässerschutzanlagen) liegen im Bereich des Möglichen.

Ich hoffe, dass der Inhalt dieses Buches die Werkzeugkiste »Wissen des Einsatzleiters« um ein »Multitool« erweitern konnte, um im Fall der Fälle bei einem Schadstoff-

Fazit

einsatz in einer Straßentunnelanlage eine fundierte Basis für taktische Überlegungen zu haben und so diesen komplexen Einsatz meistern zu können.

Abkürzungsverzeichnis

ADR	Accord européen relatif au transport international des marchandises Dangereuses par Route
AEGL	Acute Exposure Guidline Level
ALARP	as low as reasonably practicable – so niedrig wie vernünftigerweise praktikabel
ATEX	Atmospheres Explosibles (Explosionsfähige Atmosphären)
BGBl	Bundesgesetzblatt
BMVIT	Bundesministerium für Verkehr, Infrastruktur und Technik
CO	Kohlenstoffmonoxid
CSA	Chemikalienschutzanzug
DG-QRAM	Dangerous Goods – Quantitative Risk Assessment Model
evtl.	eventuell
etc.	et cetera
ETW	Einsatztoleranzwert
EU	Europäische Union
Ex-Gefahr	Explosionsgefahr
FSV	Forschungsgesellschaft Straße-Schiene-Verkehr
GSA	Gewässerschutzanlage
Hazchem	Hazardous Chemicals
Lkw	Lastkraftwagen
LQ	Limited Quantity, Limited Quantity
n. d.	nicht definiert
NiMH	Nickel-Metallhydrid
Nr.	Nummer
PIARC	World Road Association
Pkw	Personenkraftwagen

Abkürzungsverzeichnis

RVS	Richtlinien und Vorschriften für das Straßenwesen
TBM	Tunnelbohrmaschine
TEN	Transeuropäische Verkehrsnetze
TÜZ	Tunnelüberwachungszentrale
u. a.	unter anderem
u. U.	unter Umständen
UN	United Nations
UNO	United Nations Organisation
z. B.	zum Beispiel

Literatur- und Quellenverzeichnis

Gesetze, Verordnungen und Richtlinien, Normen

BS EN 13237 (2003): Potentially explosive atmospheres – Terms and definitions for equipment and protective systems intended for use in potentially explosive atmospheres; Ausgabe Juni 2003, British Standard.

Ferienreiseverordnung (2000): Verordnung des Bundesministeriums für öffentliche Wirtschaft und Verkehr, mit der zur Erleichterung des Ferienreiseverkehrs für bestimmte Straßen ein Fahrverbot für Lastkraftfahrzeuge verfügt wird (Ferienreiseverordnung), Stammfassung BGBl Nr. 259/1993 zuletzt geändert durch BGBl II Nr. 139/2000 (VfGH).

MB E-22 (2012): Merkblatt – Ermittlung der maximalen Rettungsweglängen für Atemschutzträger in unterirdischen Verkehrsanlagen, 1. Ausgabe, 24.08.2012, Österreichischer Bundesfeuerwehrverband.

ÖBFV RL A 13 (2012): Sicherheitsmaßnahmen in Straßentunneln; 2. Ausgabe April 2012, Österreichischer Bundesfeuerwehrverband, Genehmigt in der 312 Präsidialsitzung vom 10. Bis 20.03.2012.

Richtlinie EU Nr. 2004/54/EG (2004): Richtlinie 2004/54/EG des europäischen Parlaments und des Rates vom 29. April 2004 über Mindestanforderungen an die Sicherheit von Tunneln im transeuropäischen Straßennetz; Amtsblatt der Europäischen Union L167/2004, Ausgabe 30.04.2004, Das Europäische Parlament und der Rat der europäischen Union.

RVS 03.03.23 (2014): Linienführung und Trassierung; Ausgabe August 2014, Österreichische Forschungsgesellschaft Straße – Schiene – Verkehr, Wien.

RVS 09.01.24 (2014): Bauliche Anlagen für den Betrieb und Sicherheit; Entwurfsausgabe; Österreichische Forschungsgesellschaft Straße – Schiene – Verkehr, Wien.

RVS 09.01.45 (2015): Baulicher Brandschutz in Straßentunnel; Ausgabe 09. Oktober 2015, österreichische Forschungsgesellschaft Straße – Schiene – Verkehr, Wien.

RVS 09.02.22 (2016): Tunnelausrüstung; Ausgabe 25. Oktober 2016, 1. Abänderung, Österreichische Forschungsgesellschaft Straße – Schiene – Verkehr, Wien.

RVS 09.02.51 (2014): Ortsfeste Brandbekämpfungsanlagen; Ausgabe 01. Juli 2014. Österreichische Forschungsstelle Straße – Schiene – Verkehr, Wien.

RVS 09.03.11 (2015): Tunnel-Risikoanalysemodell; Ausgabe 01. April 2015, Österreichische Forschungsgesellschaft Straße – Schiene – Verkehr, Wien.

RVS 09.03.12 (2012): Risikobewertung von Gefahrguttransporten in Straßentunneln; Ausgabe 01. Juni 2012, Österreichische Forschungsgesellschaft Straße – Schiene – Verkehr, Wien.

RVS 09.03.12 (2016): Risikobewertung von Gefahrguttransporten in Straßentunneln; Ausgabe 01. Februar 2016 – 1. Abänderung, Österreichische Forschungsgesellschaft Straße – Schiene – Verkehr, Wien.

STSG (2013): Bundesgesetz über die Sicherheit von Straßentunneln (Straßentunnel-Sicherheitsgesetz – STSG), Stammfassung BGBl. I Nr. 54/2006 zuletzt geändert durch BGBL. I Nr. 96/2013.

StVO (2017): Bundesgesetz vom 6. Juli 1960, mit den Vorschriften über die Straßenpolizei erlassen werden (Straßenverkehrsordnung 1960 – StVO. 1960), Stammfassung BGBl. Nr. 159/1960 zuletzt geändert durch BGBl. I Nr. 68/2017.

Tunnelverordnung (2001): Verordnung des Bundesministeriums für Verkehr, Innovation und Technologie über Beschränkungen für Beförderungseinheiten mit gefährlichen Gütern beim Befahren von Autobahntunneln, Stammfassung BGBl II Nr. 395/2001.

Verordnung EU Nr. 1315/2013 (2013): Verordnung (EU) Nr. 1315/2013 des europäischen Parlaments und des Rates vom 11. Dezember 2013 über die Leitlinien der Union für den Aufbau eines transeuropäischen Verkehrsnetztes und zur Aufhebung des Beschlusses Nr. 661/2010/EU, Amts-

Literatur- und Quellenverzeichnis

blatt der Europäischen Union L348/1, Ausgabe 20.12.2013, Das Europäische Parlament und der Rat der europäischen Union.

Bücher

Bauknecht, Wolfgang; Zwahlen G. (1993): Explosionsschutz – Grundlagen und Anwendung; Auflage 1993, xxxx, Springer-Verlag.

Bombastus von Hohenstein »Die dritte Definition wegen des Schreibens der neuen Rezepte«, 1538 Werke BD2 Darmstadt 1965.

BRANDSchutz/Deutsche Feuerwehr-Zeitung (2017): Das Feuerwehr-Lehrbuch Grundlagen – Technik – Einsatz; 5. Überarbeitete und erweiterte Auflage, Stuttgart, Verlag W. Kohlhammer.

Dambeck, Hermann (1997): Gefahren beim Umgang mit Chemikalien – Tabellenbuch für den Praktiker; 4., überarbeitete und erweiterte Auflage 1997, Stuttgart, Berlin, Köln, Verlag W. Kohlhammer.

Girmscheid, Gerhard (2008): Baubetrieb und Bauverfahren im Tunnelbau; 2. Auflage, Berlin, Ernst & Sohn Verlag für Architekten und technische Wissenschaften GmbH und Co. KG.

Gottenstein, Günter (2014): Materialwissenschaft Werkstofftechnik Physikalische Grundlagen; 4. Neu bearbeitete Auflage 2014, Heidelberg, Berlin, Springer Verlag.

Graeger, Arvid; Cimolino, Ulrich; de Vries, Holger; Südmersen, Jan (2009): Einsatz- und Abschnittsleitung. Das Einsatz-Führungs-System; 2 vollständig überarbeitete und erweiterte Auflage, Heidelberg, München, Landsberg, Frechen, Hamburg, ecomed Verlag.

Hellmann, Wolfgang; Ehrenbaum, Karl (2011): Umfassendes Risikomanagement im Krankenhaus – Risiken beherrschen und Chancen erkennen; 1. Auflage, 10969 Berlin, MWV Medizinisch Wissenschaftliche Verlagsgesellschaft mbH & Co. Kg.

ifa (2014): Brandeinsätze in Strassentunnel Taktik – Technik – Hintergrund; 1. Auflage 2014, Saulheim (D), International Fire Academy, Balsthal (CH), 2014, Kehsler Verlag.

Kempter, Hans (2013): Grundlagen des ABC-Einsatzes; 3. Auflage 2013, Landsberg am Lech, ecomed-Storck GmbH.

Kemper, Hans (2017a): Durchführung des ABC-Einsatzes, 3. Auflage 2017, Landsberg am Lech, ecomed-Stock GmbH.

Knorr, Karl-Heinz (1993): Die Gefahren an der Einsatzstelle; 5. überarbeitete Auflage, Rotes Heft 28, Stuttgart, Berlin, Köln, Verlag w. Kohlhammer.

Kolymbas, Dimitrios (2008): Geotechnik – Tunnelbau und Tunnelmechanik Eine Systematische Einführung mit besonderer Berücksichtigung mechanischer Probleme; 1. Auflage; Berlin, Heidelberg, Springer-Verlag.

Kühar, Andres (2007): Dekontamination; 1. Auflage 2007, Stuttgart, Verlag W. Kohlhammer.

Mortimer, Charles Eduard; Müller, Ulrich (2010): Chemie; 10 Auflage, Stuttgart, Georg Thieme Verlag KG.

ÖBFV Heft 6 (2006): Atemschutz Nr. 6; Ausgabe 2/2006, Österreichischer Bundesfeuerwehrverband, Wien.

Oesterle, Günter (1995): Prozeßanalytik – Grundlagen und Praxis; 1995, München, R. Oldenbourg Verlag GmbH.

Preiss, Reinhard; Struckl, Michael (2017): Layer of Protection Analyse (LOPA) zur risikobasierenden Bewertung von Szenarien. Guideline zur Anwendung für prozessbedingte Störungen bei der Sicherheitsanalyse von technischen Systemen.; 2. Auflage 2017, Wien, TÜV AUSTRIA AKADEMIE GMBH.

Fachzeitschriften

Bergmeister, Konrad (2013): Sicherheit und Brandschutz im Tunnelbau in: Betonkalender 2013 (Hrsg.): Bergmeister, Konrad; Fingerloos, Frank; Wörer, Johann-Dietrich; Published by Ernst & Sohn GmbH & Co. KG, 102. Jahrgang, Verlag für Architekten und technische Wissenschaft. Wien, Berlin, Darmstadt.

Literatur- und Quellenverzeichnis

Bettelini, Marco (2003): Frischer Wind im Tunnel: Grundlagen und aktuelle Entwicklungen für die Lüftung von Strassentunnels in: tec 21 Nr. 48/2003, Zürich, Seite 7 bis 11.

Sturm, Peter; Beyer, Michael; Rafiei, Mehdi (2017): On the problem of ventilation control in case of a tunnel fire event, Fire Safety 2017 Volume 7, Pages 36 – 43 unter URL: https://ac.els-cdn.com/S2214398X15300030/1-s2.0-S2214398X15300030-main.pdf?_tid=59cbb632-159d-11e8-bf99-00000aab0f26&acdnat=1519062799_6e4553d99150e260304031cd6cdfc2d1 [letzter Zugriff: 19.02.2017, 19:08].

Wehner, Matthias; Krokos, Evangelos (2013): Entrauchung von Straßentunneln – Möglichkeiten, Grenzen und Perspektiven des anlagentechnischen Brandschutzes (Hrsg.): Taylor & Francis Group, World Tunnel Congress 2013 Geneva, London.

Dissertationen, Habilitationen, Masterthesen, Forschungsarbeiten

Lacroix, Didier; Casale, Eric; Cwiklinski, Claude; Thiboud, Andre (1995): ESSAIS EN VRAIE GRANDEUR DE SYSTEMES DE RECUEIL DES LIQUIDES ENFLAMMES EN TUNNEL ROUTIER, Congrès Mondial des Tunnels et Journées STUVA, 5. Mai 1995, Stuttgart.

Pleß, Georg; Seliger, Ursula (2009): Untersuchung der Bedingungen für die Feuerwehren bei der Bekämpfung von Bränden in Verkehrstunneln unter Berücksichtigung der in den Risikoanalysen der OECD-PIARC zugrundeliegenden Brandszenarien für verschiedene Unfälle Teil 1; Institut der Feuerwehr Sachsen-Anhalt; Forschungsbericht Nr. FA 158; ISSN: 0170-0060, Mai 2009, Heyrothsberge.

Schuler, Daniel, Bürkel Peter (2005): Intervention bei Bränden in Strassentunneln – Intervention lors d'incendies dans les tunnels routiers – Intervention in the case of fires in road tunnels; Forschungsauftrag ASTRA 2002/005 auf Antrag des Schweizerischen Feuerwehrverbandes, Eidgenössisches Department für Umwelt, Verkehr, Energie und Kommunikation (UVEK), Bundesamt für Strassen (ASTRA), Januar 2005, Winterthur.

Internet

ABC-Gefahren-Blog (2009): Die GAMS-Regel, URL: http://www.abc-gefahren.de/blog/2009/03/19/die-gams-regel [14.02.2018, 14:37].

AKUT (o. A.): AKUT – Acoustic Tunnel Monitoring, URL: https://www.akut-tunnel.com/ [08.03.2018, 19:04].

ASU (2014): Untersuchungen zur Tragezeitbegrenzung bei Chemikalienschutzanzügen, URL: https://www.asu-arbeitsmedizin.com/Archiv/ASU-Heftarchiv/article-593708-110576/untersuchungen-zur-tragezeitbegrenzung-bei-chemikalienschutzanzuegen-.html [17.04.2018, 17:44].

Bundesministerium Inneres (2020): Verkehrsstatistik 2019, URL: https://www.bmi.gv.at/202/Verkehrsangelegenheiten/unfallstatistik_vorjahr.aspx [17.05.2021, 19:31].

Chemie.de (o. A.): Aggregatzustand, URL: http://www.chemie.de/lexikon/Aggregatzustand.html [13:02, 13.01.2019].

Google Maps: https://www.google.at/maps/dir/48.3363011,14.3009665/48.3368218,14.3022302/@48.3366683,14.2999527,644m/data=!3m1!1e3!4m9!4m8!1m5!3m4!1m2!1d14.3005649!2d48.3375988!3s0x4773984db20b8831:0x5390a801be0a1a2d!1m0!3e2?hl=de [24.04.2018, 19:03].

Piarc (o. A.): Quantitative Risk Assessment Model for Dangerous Goods Transport through Road Tunnels, URL: https://www.piarc.org/en/knowledge-base/road-tunnels/qram_software/ [09.01.2018 08:47].

Wikipedia (o. A.[1]): Stoffeigenschaften, URL: https://de.wikipedia.org/wiki/Stoffeigenschaft#cite_note-1 [16.02.2018, 14:31].

Wikipedia (o. A.[2]): Klima in Österreich, URL: https://de.wikipedia.org/wiki/Klima_in_Österreich [26.02.1018, 08:48].

Literatur- und Quellenverzeichnis

Sonstiges

800.100.1000 (2012): Beilagen zum technischen Planungshandbuch der ASFINAG, Gewässerschutzanlage PLaPB; ASFINAG Autobahnen- und Schnellstraßen-Finanzierungs-Aktiengesellschaft, 01.01.2012, Wien.

800.100.1600 (2016): Beilagen zum technischen Planungshandbuch der ASFINAG, Gewässerschutzanlage PLaPB; ASFINAG Autobahnen- und Schnellstraßen-Finanzierungs-Aktiengesellschaft, 15.01.2016, Wien.

ADR (2017): Europäisches Übereinkommen über die internationale Beförderung gefährlicher Güter auf der Straße (ADR), Stand 01. Jänner 2017, Europäisches Übereinkommen.

Asfomag (2008): Einreichprojekt 2008 – S7 Fürstenfelder Schnellstraße Abschnitt West, Asfinag Bau Management GmbH, Ausfertigung 1.0, Einlage 8.1.7.1.

AV_1 (2018): Wirkung von Schadstoffen in Bezug auf ortsfeste Brandbekämpfungsanlagen; Aktenvermerk; Gespräch mit Helmut Kern; 09.03.2018, Leoben.

BMI (2000): Verhalten bei Chemie- und Industrieunfällen. Anleitung für vorbeugende Maßnahmen; Zweite ergänzte und berichtigte Auflage, September 2000, Bundesministerium für Inneres, Abteilung Zivilschutz.

Brandschutzforschung der Bundesländer Bericht 163 (2013): Maßnahmen und taktische Vorgehensweise bei der Brandbekämpfung in Straßentunneln unter besonderer Berücksichtigung von Gefahrstoffen, Forschungsbericht Nr. 163, November 2013, Heyrothsberge, Ständige Konferenz der Innenminister und -senatoren der Länder Arbeitskreis V – Ausschuss für Feuerwehrangelegenheiten, Katastrophenschutz und zivile Verteidigung.

DGUV (2011): Benutzung von Atemschutzgeräten; Deutsche Gesetzliche Unfallversicherung – Spitzenverband, Dezember 2011, Sachgebiet »Atemschutz«, Berlin.

FKS (2014): Handbuch für ABC-Einsätze; Feuerwehr Koordination Schweiz FKS und Gebäudeversicherung Zürich, Version 04/2014, Bern.

FwDV 100 (1999): Feuerwehr-Dienstvorschrift 100 – Führung und Leitung im Einsatz – Führung; Ausgabe: März 1999, Ausschuss Feuerwehrangelegenheiten, Katastrophenschutz und zivile Verteidigung, Beschlossene Fassung des AFW – 10.03.1999.

Galler, Robert (2017 a): Tunnelplanungsaspekte von der Projektidee bis zur Ausführung – Teil 1, Präsentation TUSI – Innovationslehrgang Tunnelsicherheit Modul 1 – Einführung in den Tunnelbau 31.01. bis 02.02.1017, Präsentationsunterlagen, Montanuniversität Leoben.

Galler, Robert (2017 b): Tunnelplanungsaspekte von der Projektidee bis zur Ausführung – Teil 2, Präsentation TUSI – Innovationslehrgang Tunnelsicherheit Modul 1 – Einführung in den Tunnelbau 31.01. bis 02.02.1017, Präsentationsunterlagen, Montanuniversität Leoben.

Galler, Robert (2017 c): Aspekte der Tunnelsicherheit, Präsentation TUSI – Innovationslehrgang Tunnelsicherheit Modul 1 – Einführung in den Tunnelbau 31.01. bis 02.02.1017, Präsentationsunterlagen, Montanuniversität Leoben.

Hall, Robin; Knoflacher Herman; Pons Philippe (2006): Quantitative Risk assesment Model for dangerous goods transport through road tunnels, in RoutesRoads 2006. Nr. 329, AIPCR PIARC Internet, Seite 86 – 93.

JES (2018): Überwachung der Luftverhältnisse – Saubere Luft und Detektion von Ereignissen; Präsentation Tunnelsicherheitslehrgang TUSI Modul 7, Firma JES Tunnelüberwachung, 08.03.2018, Leoben.

Kern, Helmut (2018): Ortsfeste Brandbekämpfungsanlagen; Präsentation TUSI – Innovationslehrgang Tunnelsicherheit Modul 7 – Bau und Ausrüstung vom 07.03.2018 bis 09.03.2018, Präsentationsunterlagen, Montanuniversität Leoben.

Kohl, Bernhard (2017): Aspekte der Tunnelsicherheit aus Sicht des Betriebes, Präsentation TUSI – Innovationslehrgang Tunnelsicherheit Modul 1 – Einführung in den Tunnelbau 31.01. bis 02.02.1017, Präsentationsunterlagen, Montanuniversität Leoben.

NABK (2013): Lehrgangsunterlage für Ausbilder Atemschutz, 18.04.2013, Niedersächsische Akademie für Brand- und Katastrophenschutz.

Niederleitner, Gerhard (2019): E-Mail.

Literatur- und Quellenverzeichnis

ÖBFV-RL KS 10 (2010): Prüfung und Instandhaltung von Atemschutzgeräten für die Feuerwehr, 01.09.2010, 1. Ausgabe, Österreichischer Bundesfeuerwehrverband.

Scharff, Erik (2018): Schadstoffe in Tunnel. Ausbreitung von Brennbaren Gasen; 1. Tunnelforum des Sachgebietes 4.4 – ÖBFV; Präsentationsunterlagen, Landesfeuerwehrschule Oberösterreich, 26.04.2018, Linz.

Schweizer Feuerwehrverband Expertengruppe Tunnel-Richtlinien (2004): Technische Wegleitung für die Intervention bei Bränden in Straßentunneln; Schweizerischer Feuerwehrverband, 1. Dezember 2004, Winterthur.

SKKM (2006): Richtlinie für das Führen im Katastropheneinsatz; Republik Österreich, Staatliches Krisen- und Katastrophenmanagement, National crisis and disaster protection management, Bundesministerium für Inneres, Abteilung II/4, Stand: 15.12.2006, Wien.

ST/SG/AC.10/1 Rev 19 (Vol1) (2015): Recommendations on the TRANSPORT OF DANGEROUS GOODS – Model Regulations; Ausgabe 1015, Nineteenth revised edition, United Nations.

ST/SG/AC.10/11 Rev. 5 (2009): Recommendations on the TRANSPORT OF DANGEROUS GOODS – Manual of Tests an Criteria; Ausgabe 1015, Fifth revised edition, United Nations, New York and Geneva.

Sturm, Peter (2018): Lüftungssytseme; 1. Tunnelforum des Sachgebietes 4.4 – ÖBFV; Präsentationsunterlagen; Landesfeuerwehrschule Oberösterreich, 26.04.2018, Linz.

Vfdb-RL 0804 (2013): Wartung von Atemschutzgeräten für die Feuerwehr; Mai 2013, Vereinigung zur Förderung des Deutschen Brandschutzes e. V.

Widetschek, Otto (2006): GAMS-Regel: Elementare Einsatztaktik für Alle!, In: Blaulicht. Blaulicht vom 07/2006, Seite 18-21.